农业人工智能应用

柴方艳　主编

张志敏　徐跃飞　副主编

广州万维视景科技有限公司　组织编写

化学工业出版社

·北京·

内容简介

本书介绍了农业领域中的人工智能相关知识及在农、林、牧、渔 4 大领域的技术应用。全书设计三篇 8 章：第一篇（第 1 ～ 2 章）着重介绍农业人工智能的基本概念、农业人工智能的代表性应用及农业人工智能关键技术；第二篇（第 3 ～ 6 章）围绕农业领域的人工智能应用，结合人工智能领域的图像分类、物体检测、图像分割等技术，介绍人工智能技术在农业领域中的具体应用；第三篇（第 7 ～ 8 章）指导读者基于开发平台完成农业人工智能综合实践。

本书可作为农业农村信息化、数字农业和数字乡村等领域技术人员的培训参考书，也可供高等院校农林牧渔类、电子信息类相关专业的教师和学生使用。

图书在版编目（CIP）数据

农业人工智能应用 / 柴方艳主编；广州万维视景科技有限公司组织编写. -- 北京：化学工业出版社，2024. 11. -- ISBN 978-7-122-46493-4

Ⅰ. S-39

中国国家版本馆 CIP 数据核字第 2024HM4584 号

责任编辑：杨琪　葛瑞祎　张雨璐　　装帧设计：韩　飞
责任校对：李露洁

出版发行：化学工业出版社
（北京市东城区青年湖南街 13 号　邮政编码 100011）
印　　装：涿州市般润文化传播有限公司
787mm×1092mm　1/16　印张 12¾　字数 181 千字
2025 年 1 月北京第 1 版第 1 次印刷

购书咨询：010-64518888　　售后服务：010-64518899
网　　址：http://www.cip.com.cn
凡购买本书，如有缺损质量问题，本社销售中心负责调换。

定　　价：68.00 元

前言

我国数字经济快速发展已渗透到农业产业链的各个环节，人工智能成为智慧农业发展新引擎。党的二十大提出“加快建设农业强国”，为人工智能在乡村振兴领域的应用与发展提供了更多更广的空间。当前我国正处于传统农业向数字化、智能化现代农业转型的发展时期，“三农”工作是全面建设社会主义现代化国家的重中之重。加快数字乡村建设，发展智慧农业，建立和推广应用农业农村大数据体系，推动物联网、大数据、人工智能、区块链等新一代信息技术与农业生产经营深度融合是推进农业农村现代化的重点任务。农业数字经济的潜力已经显现，智慧农业建设技术不断创新、模式不断涌现、应用不断深化，前景广阔、大有可为。

当前，农业数字化人才不足、数字化思维不强、数字化生态不优等短板问题不容忽视。数字化专业技术人才不熟悉农业农村，农业农村从业人员不掌握数字化知识和技能的“两张皮”现象依然存在，急需培养既了解“三农”，又熟悉信息技术的复合型人才。伴随着人工智能产业的快速发展，部分人工智能头部企业开放了成熟的工程工具和开发平台，降低了人工智能人才的技术能力要求，促进人工智能技术广泛应用于智慧农业、智能制造、智能终端等领域并实现商业化落地。为了更好地帮助读者顺利步入人工智能行业，结合农业产业对人工智能人才的需求，高校教师与企业工程师共同组成本书编写组，精心策划编写了本书。

本书围绕人工智能在农、林、牧、渔 4 大领域应用，依托广州万维视景科技有限公司开发的“人工智能交互式在线学习及教学管理系统”，理论与实践结合，详细介绍人工智能技术的应用场景，并提供实践平台和实训资源包，分步骤描述实验操作过程和呈现结果。全书共三篇 8 章：第一篇（第 1 ～ 2 章）介绍农业人工智能的基本概念、代表性应用、关键技术，通过实践案例体验农业人工智能；第二篇（第 3 ～ 6 章）以人工智能在果业、林业、畜牧业、渔业的应用为例，介绍了图像分类、物体检测、图像分割等人工智能技术。第三篇（第 7 ～ 8 章）以智能农作物生长态势识别系统、智能草莓生长态势识别系统为例，进一步介绍农业人工智能综合应用场景的系统实现过程。

为便于广大农业农村从业人员培训参考以及专业人才学习使用，本书引入真实的企业应用案例，配套实践平台、教学视频等数字资源。引导读者从体验人工智能到应用人工智能，理论知识与实践操作交互讲解，突出动手能力的培养。

本书由黑龙江农业经济职业学院教师和广州万维视景科技有限公司联合编写，其中，第 1、2 章由黑龙江农业经济职业学院柴方艳编写，第 3 章由广州万维视景科技有限公司徐跃飞编写，第 4 章由池州职业技术学院张志敏编写，第 5、第 6 章由黑龙江农业经济职业学院卢长鹏编写，第 7 章由黑龙江农业经济职业学院翟秋菊编写，第 8 章由黑龙江农业经济职业学院张业男编写。柴方艳负责全书的统稿，北京邮电大学赵国安负责全书的审定工作，编写过程中参考并汲取了一些专家和学者的成果，在此表示衷心的感谢！

由于编者水平有限，书中不妥或疏漏之处在所难免，殷切希望广大读者批评指正。同时，恳请读者一旦发现错误，于百忙之中及时与编者联系，编者将不胜感激，E-mail：veryvision@163.com。

编　者

目　录

▶ 第一篇

农业人工智能技术概述

随着全球人口的增长和城市化进程的快速推进，农业生产面临着前所未有的挑战。土地资源的日益紧缺、气候变化的波动性、病虫害的频发等问题，都对农业生产效率和品质提出了更高的要求。借助先进的技术手段来提高农业生产效率和品质成为了迫切的需求。人工智能技术的迅猛发展，特别是机器学习、深度学习等前沿技术的应用，为农业生产提供了新的转机。这些技术可以帮助农业生产者更精确地预测天气、病虫害发生等不确定性因素，优化农业生产过程，提高农产品的产量和质量。

第 1 章

初识农业人工智能

自古以来，我国便深知农业对于国家的重要性。古语有云："民以食为天"，强调了粮食作为生存基础的关键性。我国作为一个历史悠久的农业大国，农业始终在我国社会经济中占据着至关重要的地位。如今，随着科技的飞速发展，大数据、物联网、人工智能等新兴技术正在深刻地改变着我们的生产生活方式。农业领域在这场技术革命中不断向智能化方向迈进。智慧农业的提出与推广，为国家乡村振兴战略的实施提供了强有力的支撑。通过云计算及智能化管理等多种模式，智慧农业在提高农业生产质量、推动农业全面升级方面发挥着巨大的作用。这不仅有助于提升农产品的产量和质量，而且能实现资源的合理配置，减少浪费，进一步保护环境。

【知识框架】

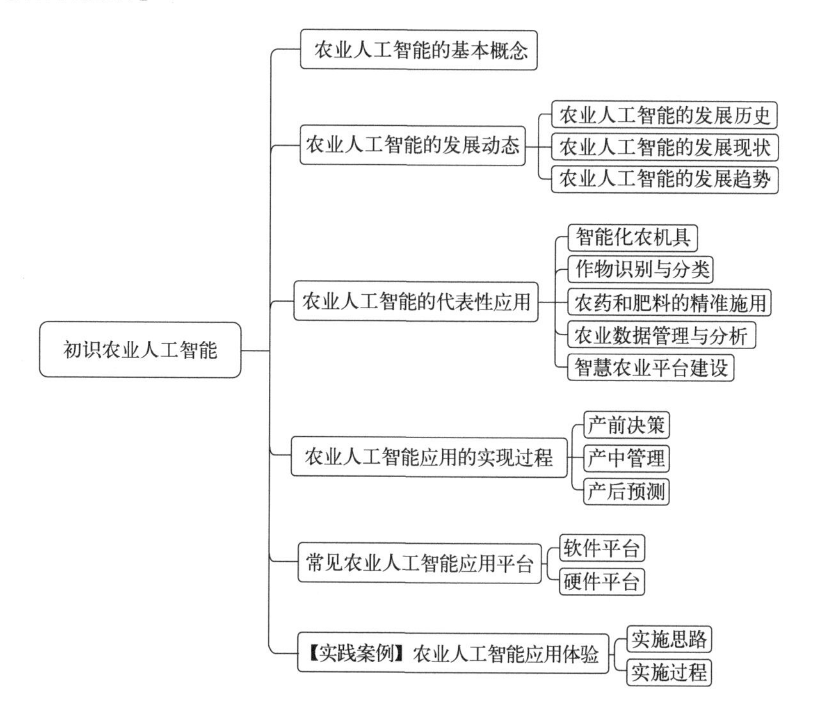

1.1　农业人工智能的基本概念

农业人工智能是智慧经济在农业领域的核心体现，为农业发展注入了智能化、高效化的新动力。对于发展中国家而言，农业人工智能不仅是智慧经济的重要组成部分，更是实现经济赶超、消除贫困的关键手段。通过应用农业人工智能技术，发展中国家能够充分发挥后发优势，提升农业生产效率，优化资源配置，为经济的可持续发展奠定坚实基础。因此，在发展中国家的经济发展中，农业人工智能发挥着至关重要的作用，是实现国家繁荣与进步的重要推动力量。

农业人工智能是一种创新的科技手段，将尖端的人工智能技术深度融入农业生产过程。通过先进的算法和数据处理技术，农业人工智能能深入挖掘农业生产中的数据宝藏，为农民和农业专家提供精准的信息与预测。这不仅有助于提高农作物的生长质量，减少病害风险，而且能实现农业生产的高度自动化和智能化，极大地提升农业生产的效率和可持续性。因此，农业人工智能是引领农业现代化、智能化转型的重要驱动力。农业人工智能基本概念包括：

（1）机器学习

通过让机器自行学习和适应不同环境、数据，以预测结果或进行决策。在农业领域中，可以通过分析土壤、气象、水情等数据预测作物生长情况，从而为农业生产提供科学依据。

（2）数据挖掘

利用算法和技术从海量数据中提取有价值的信息，帮助农民了解市场需求，优化种植和销售策略，提升农业收益。

（3）图像识别与处理

借助计算机视觉技术实现对图像的快速分析和识别，在农业生产中用于监测作物生长状况、识别病虫害和检测农产品品质，有效保障农业生产的顺利进行。例如，农业图像识别技术可以通过拍摄作物图片进行病虫害检测，判断作物状态并采取相应的治理措施。

（4）自然语言处理

通过分析和理解自然语言，实现农业文本数据的处理和分析。例如，采用自然语言处理技术可以帮助农民了解市场需求、农业政策等信息，从而更好地为作物种植做出决策。

（5）机器人技术

利用机器人实现农作物的自动化种植、施肥、喷洒等操作，提高农业生产效率和质量。例如，自动化喷洒系统可以根据作物状态和需要，精准地控制喷洒药剂的量和位置，避免过度浪费并保证用药安全。

（6）物联网技术

通过物联网技术连接各种设备和传感器，实现对农业生产过程的全面监测和控制。例如，实时监测温度、湿度、氧气含量等环境参数，并与作物生长状态相结合，以实现智能化的作物管理。

（7）大数据分析

基于大数据技术，对农业领域的数据进行深入分析，从而发现规律和趋势，为农业生产提供支持和指导。例如，通过大数据分析可以预测市场需求和价格变化，为农民提供科学的种植和销售建议。

1.2　农业人工智能的发展动态

农业人工智能是将人工智能技术应用于农业领域的一种新兴技术。近年来，随着农业信息化、智能化进程的不断推进，其应用场景也在不断丰富，如精准农业管理、智能化农机作业、预测病虫害、优化种植方案、自动化种植、精准施肥等，农业人工智能技术的应用减少了人工操作的误差，也提高了农业生产效益和经济效益。农业人工智能技术还可以帮助农民优化农业生产流程，提高农业资源利用效率，保护环境，促进农业可持续发展。

1.2.1　农业人工智能的发展历史

我国农业人工智能的发展历史可以追溯到 20 世纪 80 年代和 90 年代。当时农业机械化程度较低，需要大量人力参与生产，这导致了农业生产的高成本、低效率，加剧了劳动力短缺等问题。随着计算机技术的发展，人们逐渐将其应用于农业生产中。其发展过程可以分为起步期、拓展期、创新期 3 个阶段。

第一阶段：起步期（20 世纪 80 年代至 90 年代末）。

在这个阶段，中国农业人工智能处于实验室和试点示范阶段。科学家们主要关注研究农产品质量控制、农业生态环境监测等方面，针对特定问题进行算法研究和模型构建。

第二阶段：拓展期（21世纪初至21世纪10年代）。

随着技术的不断发展，我国农业人工智能进入了快速发展期，研究重点从单项问题转向了多项问题综合解决。例如，将农业物联网技术与机器视觉、图像识别等技术结合，实现了智能化的精准农业，提高了作物产量和品质。

第三阶段：创新期（21世纪10年代至今）。

当前，我国农业人工智能正处于创新期。新兴技术如大数据、云计算、区块链等被广泛应用于农业生产领域，推动了数字化转型、智能化升级。同时，政府也加大投入力度，将农业人工智能发展列为国家战略性新兴产业，提升了技术水平和市场竞争力。

未来，随着技术的不断进步，农业人工智能有望为解决全球食品安全、粮食供应等重大问题做出更大的贡献。

1.2.2 农业人工智能的发展现状

经过前期的初步探索、发展和应用，人工智能技术在农业生产领域具有了一定的积累。目前我国农业人工智能的发展已经进入到创新期，农业人工智能的发展规模正在迅速增长，具有以下几个特点。

① 应用领域广泛。目前，我国农业人工智能已经涉及了农业机械自动化、精准施肥、作物病虫害监测、气象预测、动物识别、优化种植方案、监测作物健康状况等多个领域，覆盖了农业生产的各个环节。

② 技术不断创新。我国农业人工智能技术在机器学习、深度学习、图像识别、语音识别等方面不断创新，并逐渐推出了一些成熟的产品和解决方案。例如，通过使用图像识别技术，人工智能可以分析作物的生长情况，并根据需求调整其生长环境和施肥方式。

③ 企业数量迅速增加。近年来，涌现出不少农业人工智能行业的优秀企业，同时也吸引了国内外的关注和投资。

④ 政府对于农业人工智能的支持力度逐渐加强。政府相继推出了一系列政策文件，扶持农业人工智能的发展。

⑤ 产品应用设计新颖。不少企业开发了智能农机或智慧系统，这些智能化系统及机器可以自主完成种植、施肥、除草等操作，从而降低了人力资源的成本，提高了农业生产效率。

总的来说，目前我国农业人工智能的发展前景广阔，在提高农业生产效率、降低成本、保障食品安全等方面发挥了越来越重要的作用。在农业生产中，应用人工智能技术不仅可以提高农业生产效率和质量，降低生产成本，同时也减少了对环境的影响。

农业人工智能在技术储备、政策推动、企业布局和应用拓展等方面都有了一定的积累和成果，但是农业人工智能技术仍处于不断探索、发展和创新的初级阶段，面临着很多问题。如图 1-1 所示，人才短缺、农业从业人员知识文化水平不高、设备和软件服务成本高、技术实用性不强、资金支持力度有限等问题直接或间接地影响了农业人工智能的发展，还需要大量的研发投入和实践探索。同时，在数据质量、标准化、技术转化等方面也存在较大的挑战，需要持续推动创新和改进，加速推进农业人工智能的发展。因此，我国农业人工智能的发展仍处于创新期的初级阶段，需要加强政策支持、增强技术研发和应用能力、促进产业集成等多方面的努力，以推动农业人工智能向更高层次迈进。

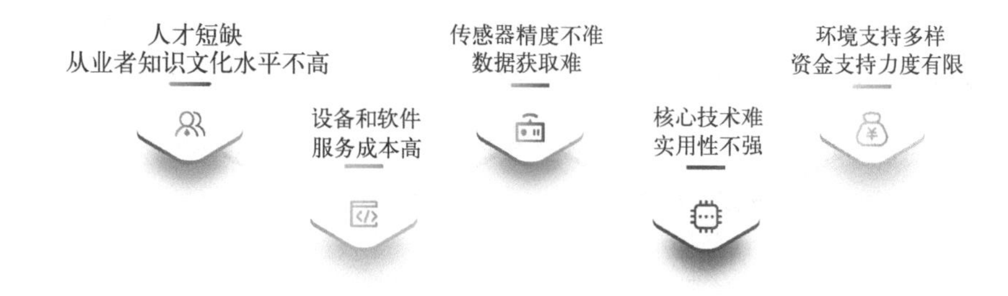

图 1-1　智慧农业发展存在的问题

农业人工智能需要大量高素质的技术人才支持，但目前国内相关领域的专业人才相对匮乏，尤其是具备深度学习、机器视觉等核心技术的人才更为稀缺，这限制了农业人工智能的快速发展。同时，在一些落后地区，农民的教育水平较低，不懂得如何使用和维护农业人工智能设备，这导致了一些场合下设备的损坏和浪费。另外，农业人工智能技术的应用需要依赖大规模的数据采集和处理，但在某些偏远地区，网络覆盖率较低，限制了数据的采集和传输效率。

针对这些问题，可以通过加强相关领域的人才培养、提高农民的技术水平、推动数字基础设施建设等多种方式来解决。同时，政府和企业也应该加大对农业人工智能技术研究和发展的投入，推动其逐步推广并普及。

1.2.3 农业人工智能的发展趋势

随着农业人工智能技术的不断发展、技术的沉淀与应用领域的拓展、政府扶持力度的加大，未来我国农业人工智能的发展趋势主要表现在以下几个方面：

（1）技术创新加速

未来农业人工智能将会进一步深化与其他领域的融合，例如物联网、云计算、大数据等，从而更好地服务于农业生产。

（2）开发工具平台化

未来农业领域中的人工智能开发过程中的工具和功能将趋向于整合到一个平台上，提供一系列统一的接口和框架，帮助农民、专家和研究人员更加高效地进行农业人工智能应用开发。这种平台化的开发模式，有利于推动农业现代化和智能化发展，提高开发速度和质量。

（3）应用场景不断拓展

农业人工智能将会继续涉及更多领域，例如植保机器人、畜牧智能养殖、精准灌溉、农机自动驾驶等，实现全面覆盖农业生产的各个环节。

（4）增强智能化程度

随着人口增长和城市化的加速，传统的农业模式将无法满足未来的需求。未来农业人工智能将会逐渐向着自动化、智能化的方向发展，实现农业生产的无人化、低成本化、高效率化。

（5）推动智慧农业发展

未来农业人工智能将会与农业信息化、远程监控、智慧农业等紧密结合，推动智慧农业的快速发展，为农业生产提供更加科学的决策支持。

（6）提升农产品质量和安全

未来农业人工智能将会通过精准施肥、作物病虫害监测、食品追溯等手段提升农产品的质量和安全，保障人民群众的健康和生命安全。

总的来说，农业人工智能的发展正朝着更加智能化、高效化和可持续化的方向不断推进，如图 1-2 所示。未来我国农业人工智能将会从技术、应用场景、智能化程度、智慧农业、农产品质量和安全等多个方向发展，致力于实现资源集约化和农业智慧化，迎来更广阔的发展空间，为加大农业生产效益、提高农业生产效率、减少人力成本、保护环境资源等方面带来更多的机会和挑战。

图 1-2　传统农业与智慧农业的对比

农业人工智能的代表性应用

1.3　农业人工智能的代表性应用

农业人工智能是指将人工智能技术应用到农业生产、管理和决策中，以提高农业生产效率、降低成本、保证作物品质和粮食安全的一种新型农业模式。以下列举一些农业人工智能的代表性应用。

1.3.1 智能化农机具

通过将感知器、摄像头等设备与人工智能算法相结合，可以实现农机具的智能化操作和自主学习，如图 1-3 所示。智能拖拉机可以根据农田的形状和不同作物的需求，自动调整行驶路线和施肥方式，从而提高农业生产效率和作物品质。

图 1-3 智能拖拉机

1.3.2 作物识别与分类

基于图像识别、计算机视觉和深度学习等技术，实现作物的自动识别和分类。例如，利用无人机和摄像头等设备获取的图像数据，通过人工智能算法对不同作物分类，可以帮助农民更好地管理和调整种植方案。

1.3.3 农药和肥料的精准施用

通过感知器、传感器等设备采集土壤、水分、气象等数据，如图 1-4 所示，并结合计算机模型和人工智能算法，实现农药和肥料的精准施用。例如，根据不同作物的生长情况和需求，自动调整农药和肥料的种类、用量和时间等参数，从而保证作物品质和降低农业生产成本。

图 1–4　农作物数据采集

1.3.4　农业数据管理与分析

如图 1-5 所示，通过云计算、大数据、人工智能等技术，对农业生产过程中产生的各种数据进行管理和分析，为农业生产提供科学的决策支持。例如，利用人工智能算法对农田土壤、水分、气象等数据进行分析，帮助农民制订更加科学的种植方案和管理措施。

图 1–5　农业数据大屏

1.3.5　智慧农业平台建设

基于物联网、云计算、大数据和人工智能等技术，建设智慧农业平台，实现农业生产全过程的自动化、信息化和智能化。例如，智慧农业平台可以为农民提供农业生产的一站式服务，包括种植指导、农机具租赁、销售渠道开发等服务。

1.4　农业人工智能应用的实现过程

农业人工智能应用的实现过程，一般分为产前决策、产中管理、产后预测三个阶段。三个阶段是密切相关的，它们有机地联系在一起，形成了一个完整的农业生产过程，如图 1-6 所示。

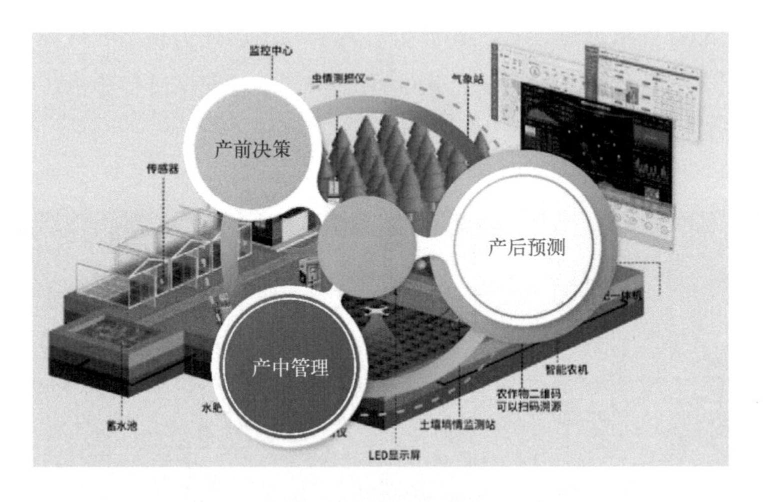

图 1-6　智能农业生产过程

（1）产前决策

在产前决策阶段的应用主要涉及种植方面。通过对大量的农业数据进行分析，为农民提供最佳的作物品种选择、播种时间等建议，帮助农民做出更具科学性的种植决策。

（2）产中管理

在生产中管理阶段的应用主要涉及农作物的生长管理。通过对作物生长的监测，实时收集各种数据，包括光照、温度、湿度、二氧化碳浓度等指标，并根据这些数据来判断作物是否需要灌溉、施肥等管理措施。

（3）产后预测

在产后预测阶段的应用主要是对农产品的产量、品质等进行预测。通过对历史数据的分析，结合当地的环境因素来预测作物的产量、品质等，为农民提供产后销售策略和产品定价建议。

如图1-7所示，展现的是某企业智慧农业生产解决方案的示意图，描绘了人工智能赋能农业生产的产前、产中、产后等各阶段。

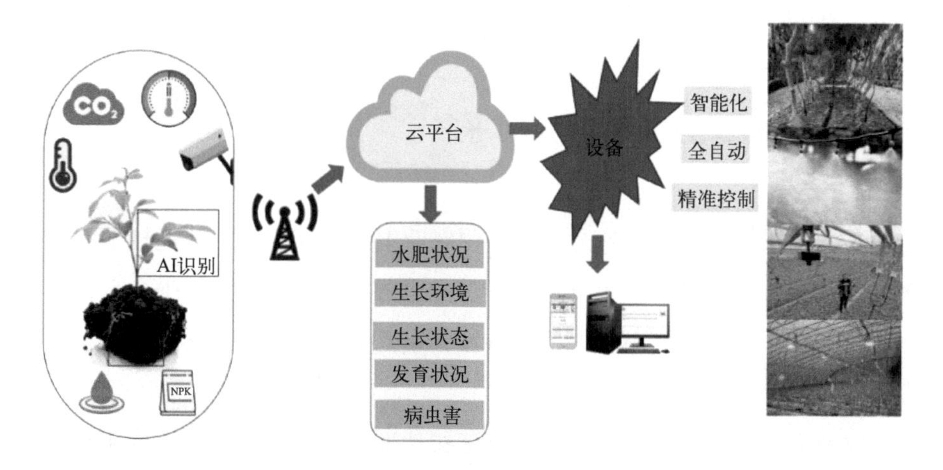

图1-7　智慧农业生产解决方案

该解决方案主要包括以下部分：

（1）环境监测系统

实时采集农田环境数据，如土壤温湿度、光照强度、二氧化碳浓度等。

（2）通信控制系统

包括无线网关、中继、路由器等组件，能够实现数据高效、准确地传输，将环境监测设备所采集的数据传输到云平台上，也可以通过手机 APP 或者电脑终端进行查看。

（3）设备控制系统

对浇灌、通风、遮阳、加湿、无线智能插座等设备进行精准管理和远程控制。

（4）应用管理平台

将数据和功能整合到一起，支持智能感知、智能预警、智能决策、智能分析、专家指导等功能。

该解决方案通过环境监测系统、通信控制系统、设备控制系统、应用管理平台等配套设施，实现了对农业生产过程中各种数据的实时监测和精准管理。

1.5 常见农业人工智能应用平台

农业人工智能应用平台是为了方便农业生产者利用人工智能技术而开发的集数据采集、处理、决策支持、管理和服务于一体的综合性平台。在这些平台上，用户可以根据自己的需求持续开发，体验人工智能技术栈和丰富的服务。

农业人工智能应用平台，主要包括软件平台和硬件平台，两者相互配套支持，使得人工智能项目开发更加完善，如图 1-8 所示。

1.5.1 软件平台

（1）人工智能交互式在线学习及教学管理系统

本书将基于该平台进行 AI 程序实现，该平台是由广州万维视景科技有限公司开发的集开放数据、开源算法、开发环境于一体的 AI 开发平台。基于算法、算力、数据三个维度，提供从 0 到 1 的 AI 全流程开发实训体验，使用 IE 浏览器即可完成课堂 AI 教学管理及体验实践，如图 1-9 所示。

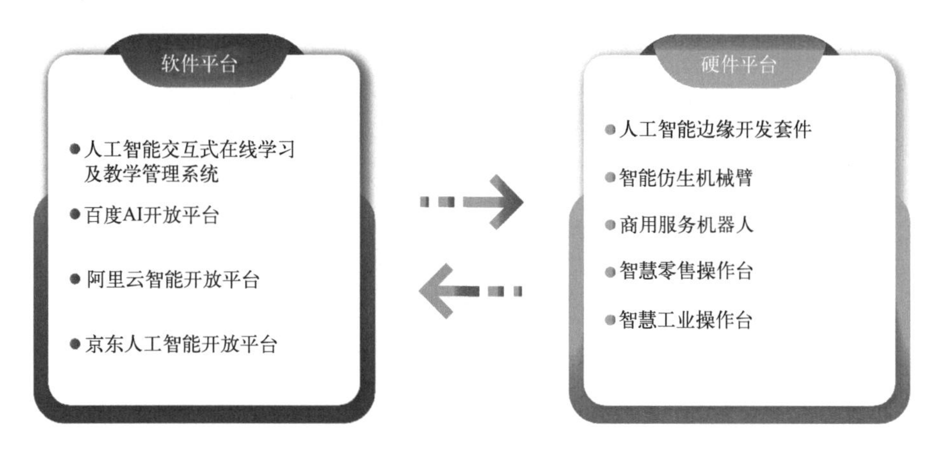

图 1-8　农业人工智能应用平台

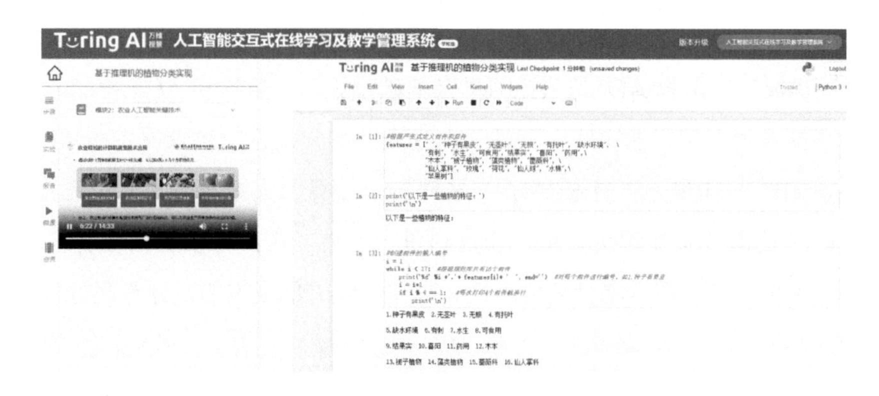

图 1-9　人工智能交互式在线学习及教学管理系统 AI 实践

（2）百度 AI 开放平台

百度 AI 开放平台是由百度公司推出的人工智能开放平台，旨在为开发者和企业提供基于百度人工智能技术的开放平台和云计算服务。该平台已经开放语音、图像、自然语言处理、视频、增强现实、知识图谱、数据智能七大方向，超过 1000 项技术能力。通过百度 AI 开放平台，用户可以轻松地访问、使用和管理多种人工智能技术和服务，包括自然语言处理、图像识别、人脸识别、机器学习等领域，实现更智能化的应用场景，如图 1-10 所示。

图 1-10 百度 AI 开放平台的体验中心

(3) 阿里灵杰

阿里灵杰（阿里 AI）是依托阿里云基础设施、大数据和 AI 工程能力、场景算法技术和多年行业实践，一站式地为企业和开发者提供云原生的 AI 能力体系，如图 1-11 所示。还提供了一系列的云计算、大数据分析、人工智能、物联网等技术产品和解决方案。通过阿里云智能，用户可以轻松地将自己的业务应用部署到云端，享受高可用性、高安全性、低成本的云计算服务。

图 1-11 阿里灵杰的 AI 能力

(4) 京东人工智能开放平台

该平台基于京东的零售、物流、电商、金融等场景的最佳实践，为企业提供一站式 AI 开发平台，覆盖从数据标注 - 模型开发 - 模型训练 - 服务发布 - 生态市场的人工智能开发全生命周期，并预置高净值的脱敏数据、经实战验证的成熟模型以及典型项目场景，同时提供多种安全、灵活可定制的部署及交付方案。

1.5.2　硬件平台

（1）人工智能边缘开发套件

人工智能边缘开发套件如图 1-12 所示，这是一款集深度学习、计算机视觉和智能语音三大核心技术为一体的智能设备，支持目标识别、语音识别等人工智能模型的本地推理应用，兼容 PaddlePaddle、TensorFlow 等深度学习框架。

人工智能边缘开发套件支持实验实训、行业应用等场景的软硬件一体化人工智能应用开发，目前已成功应用于智慧零售、智能制造、智能机器人等领域。

人工智能边缘开发套件还可以集成机器视觉和深度学习技术，用于检测和分类农产品。例如，可以使用这些技术来检测作物上的病虫害、识别不同品种的作物或检测果实的成熟度。

图 1-12　人工智能边缘开发套件

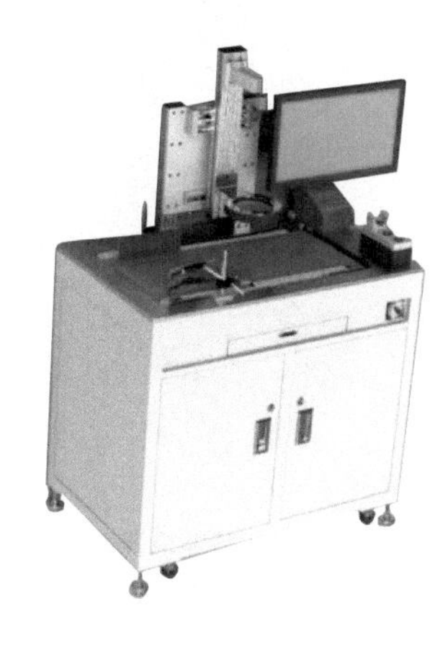

图 1-13　智慧零售操作台

（2）智慧零售操作台

智慧零售操作台是一款面向智慧零售场景的硬件平台，由工业摄像机、工业光源、工业传送带、智能控制单元、高清显示屏等模块组成，能够还原智慧零售环境下的商品识别、人脸识别等工作任务。

智慧零售操作台如图 1-13 所示，其集成 Python、机器学习、深度学习系统等运行环境，兼容 PaddlePaddle、TensorFlow、PyTorch 等人工智能深度学习框架，支持人工智能平台应用、智能数据采集与处理、计算机视觉等人工智能专业知识的学习和应用。

（3）智能机器人

智能机器人是一款面向实验实训、行业应用的软硬件一体化机器人开发平台，如图 1-14 所示。该平台预装 Ubuntu 操作系统与 ROS melodic 机器人操作系统，搭载 Astra Pro 深度摄像头，可以实现激光雷达建图与导航、视觉建图与导航、多点巡航、激光雷达跟随、深度视觉跟随等通用机器人功能开发。同时支持快速部署人机对话、物体识别、手势识别等各种人工智能应用。

图 1-14 智能机器人

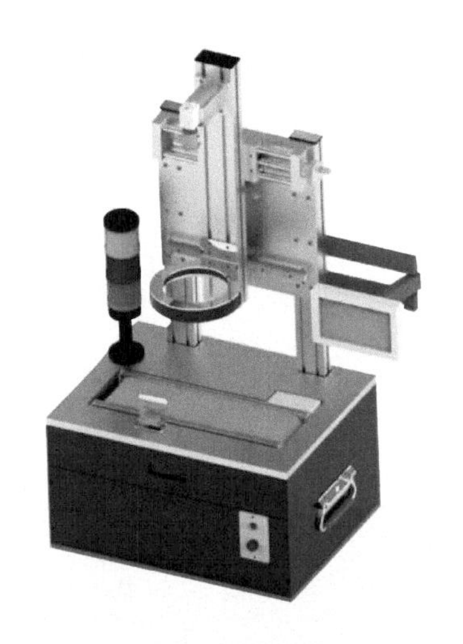

图 1-15 智慧工业操作台

智能机器人可用于在农田或温室中自动运输农产品或工具，降低劳动成本，提高生产效率。此外，还可以将机器人用于运输水、肥料或其他生产资料。

（4）智慧工业操作台

智慧工业操作台如图 1-15 所示，这是一款面向智慧工业场景的硬件平台，支持图像分类、目标检测、图像分割、机器控制等算法和硬件的开发和学习，能够还原智能工业场景下的芯片分类、芯片缺陷检测、芯片划痕检测等工作任务。

农业人工智能
应用体验

1.6 【实践案例】农业人工智能应用体验

1.6.1　实施思路

当前已经介绍了农业人工智能的基本概念、发展动态和代表性应用，以及一些常见的农业人工智能应用平台软硬件。接下来将在这些常见的平台上进行基础使用操作，即在这些平台上通过应用农业人工智能技术，介绍农业人工智能的应用场景案例的实现思路如下：

（1）进入实验平台

选择一些常见的农业人工智能应用平台，并进入其平台内。

（2）选择农业领域相关场景

查找农业领域的相关应用场景，为接下来的案例体验做准备。

（3）体验农业领域应用案例

查找到农业领域的相关应用后，单击进入可以看到该应用的简介、使用说明等信息，根据提示完成案例的体验。

1.6.2　实施过程

（1）人工智能交互式在线学习及教学管理系统体验

步骤一：进入实验平台。

打开浏览器，搜索“万维视景”，进入公司官网，单击“产品中心 - 人工智能交互式在线学习及教学管理系统”，接着单击“立即体验”按钮，进入平台，如图 1-16 所示。

进入如图 1-17 所示的平台登录页后，若是第一次使用，则注册账号。若已有账号，则输入账号密码登录。

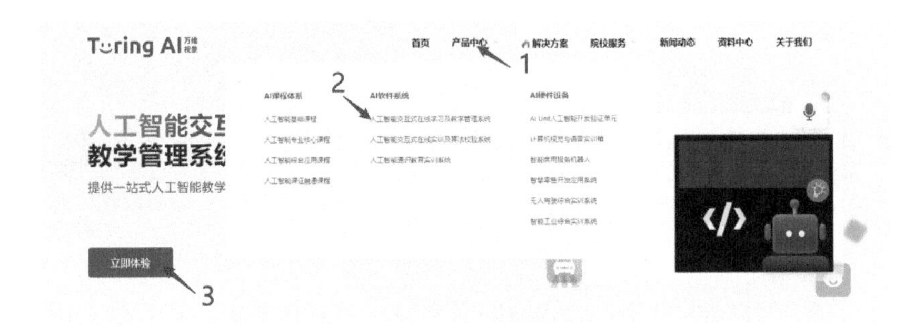

图 1-16　进入平台

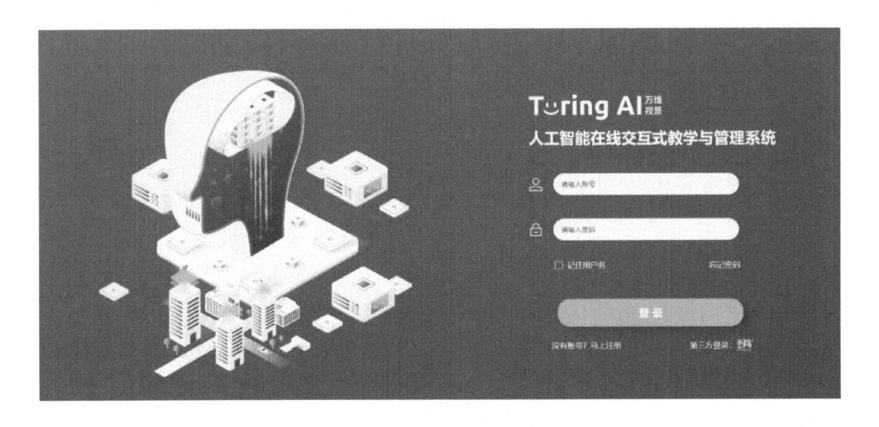

图 1-17　平台登录页

登录后单击左侧导航栏“AI 开发中心”，单击进入“AI 体验馆”，如图 1-18 所示。

步骤二：选择农业领域相关场景。

进入“AI 体验馆”后，如图 1-19 所示，可以看到页面上方有图像识别、人脸对比、文字识别、内容审核等应用体验案例，页面下方会有该案例的说明和核心能力说明，方便了解该案例的基本情况。这里选择“图像识别”，平台默认使用自带的图像进行识别，如图 1-19 中平台提供了四张不同的图像，默认显示和识别第一张图像。也可以单击不同的图像来识别，图片选择完成后平台会自动识别，其中页面左侧展示图像界面，右侧显示图像识别的结果。

图 1-18　进入“AI 体验馆”

图 1-19　“AI 体验馆”图像识别效果（默认图像）

步骤三：体验农业领域应用案例。

除了可以识别平台自带的图像，还可以通过输入图片 url 或者上传本地图片的方式来导入并识别图片。如图 1-20 所示，单击“识别本地图片”按钮，选择一张农作物的图像通过本地上传至平台并识别。

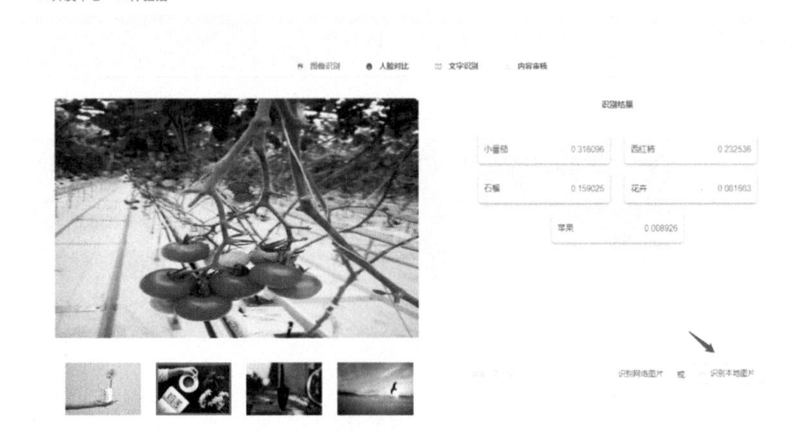

图 1-20 “AI 体验馆”图像识别效果（指定图像）

图 1-20 页面左侧展示了上传的图像内容，右侧显示了五种识别结果及其识别率，通过图像识别技术的应用，实现了对农作物图像的分析识别。该技术也应用在诸如自动化监测和管理、病虫害预警和防治、农产品品质检测等农业人工智能场景。

此外，平台还搭建了 AI 在线智能问答系统，如图 1-21 所示，单击“AI”按钮，可以看到呈现在眼前的交互界面，对于一些农业领域或者其他方面的问题，都可以在这里得到较好的回答，体验 AI 聊天机器人的智能化。

（2）百度 AI 开放平台体验

百度 AI 开放平台体验

步骤一：进入实验平台。

在浏览器搜索“百度 AI 开放平台”，进入平台首页后，单击左上角的“开放能力”按钮，并在弹出的页面左侧导航栏的“技术能力”一项中选择“图像技术”，如图 1-22 所示。

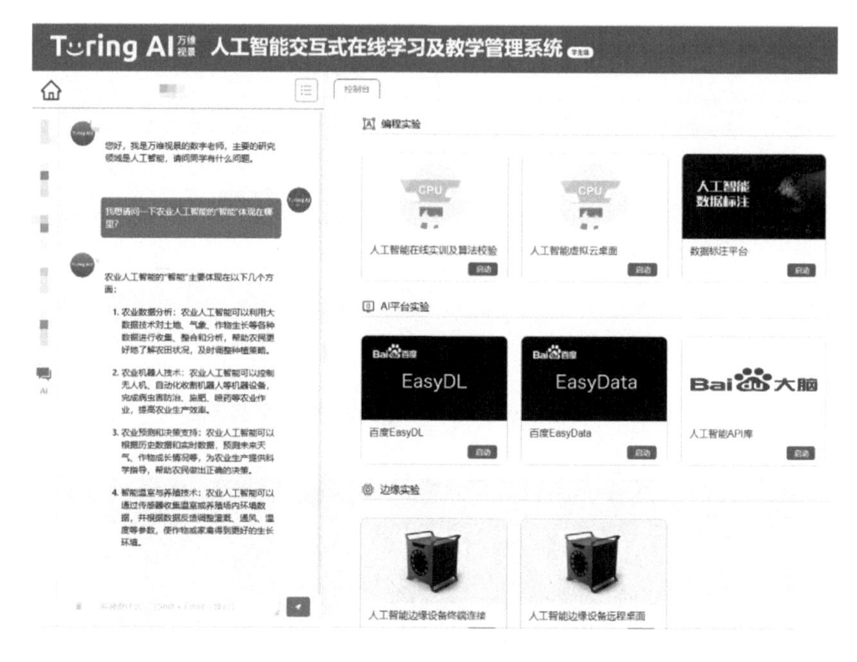

图 1-21　“AI”智能交互界面

图 1-22　“百度 AI 开放平台”开放能力选择界面

步骤二：选择农业领域相关场景。

选择“图像技术”项后，在右侧可以看到该技术的应用场景，这里单击“图像增强”区域的“图像去雾”，如图 1-23 所示。

单击选择“图像去雾”选项后，会跳转到该场景案例的页面，图像去雾技术可以提高图像的清晰度和可读性，帮助用户更好地了解图像信息，平台默认处理系统自带的图像，并在功能演示区显示处理结果，如图 1-24 所示。

图 1-23 “百度 AI 开放平台”图像增强场景选择界面

图 1-24 “图像去雾”应用界面

步骤三：体验农业领域应用案例。

除了可以对平台上自带的图像进行识别处理外，还可以通过输入图片 url 或者上传本地图片的方式来导入与识别，如这里选择“本地上传”的方式，将一张农作物的图像通过本地上传至平台并进行识别处理，效果如图 1-25 所示。

由图 1-25 可见，功能演示区展示了上传的图像及其处理结果。左侧是优化后的效果，右侧是优化前的效果，优化后的效果明显要清晰得多，该技术的使用可以帮助农业生产者更准确地了解农作物的生长状况、病虫害情况等信息。通过去除雾霾、烟尘、污染等因素对图像的影响，可以使农作物图像更加真实、清晰，有助于农业生产者更好地判断和分析作物的状况。

图 1-25　农作物“图像去雾”效果

第2章

农业人工智能关键技术

农业人工智能涉及的技术领域包括机器学习技术、计算机视觉技术、大数据技术等，这些技术可以帮助农民提高生产经营效率、提升农作物产量、改善农产品质量等，是实现智能化农业管理的一种新型农业生产方式。随着科技的不断进步，农业人工智能技术将会不断地发展和应用。

【知识框架】

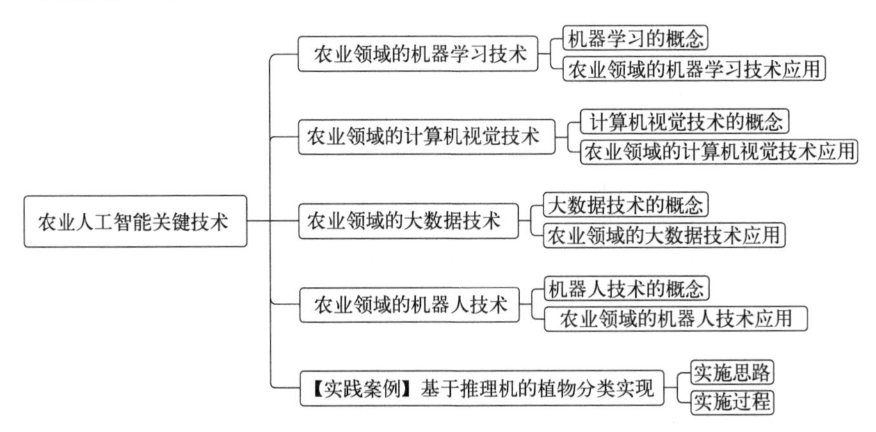

2.1　农业领域的机器学习技术

机器学习是人工智能的重要分支之一，它利用算法和数学模型，通过对大量数据的学习和分析来自动识别和学习规律，从而实现自主的决策和预测。机器学习在现代科技和商业领域中得到了广泛的应用。

2.1.1　机器学习的概念

机器学习是一种人工智能领域的技术，它利用数据和统计学方法让计算机自动从数据中学习规律和模式，从而能够自动完成特定任务。它的目标是从数据中发现模式和规律，以便可以对未来的数据进行预测或分类。

机器学习可以分为三个主要的子领域：监督学习、无监督学习和强化学习。监督学习是指给定一个标注好的数据集（即包含了输入和对应的输出），训练一个模型来预测新的数据输出结果；无监督学习则是在没有标注数据的情况下，通过发现数据中的模式和结构来学习。这就是监督学习和无监督学习的区别，如图 2-1 所示。强化学习则是一种学习方式，它基于对某个环境的不断观察和尝试来逐步调整自身的策略，以使回报最大化。

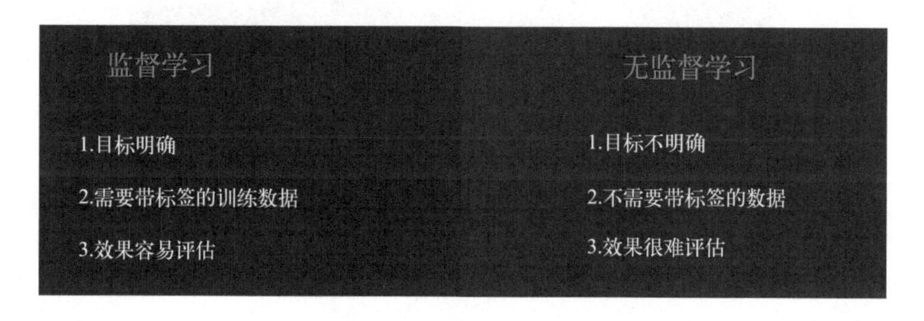

图 2-1　监督学习和无监督学习

机器学习的应用非常广泛，例如自然语言处理、图像和视频处理、机器视觉、数据挖掘、推荐系统、智能控制等领域。常见的机器学习算法包括线性回归、逻辑回归、决策树、支持向量机、神经网络、贝叶斯网络、聚类算法等等。

2.1.2 农业领域的机器学习技术应用

农业领域的机器学习技术可以帮助农业生产实现自动化、智能化和精细化，提高作业效率和农产品品质，减少资源浪费和环境污染，为农业生产带来更多的机遇和挑战。以下是一些常见的应用场景：

（1）作物生长预测

通过分析历史作物生长数据，利用机器学习算法进行作物生长预测，帮助农民制订合理的农事管理计划。

（2）农产品质量检测

通过分析农产品的图像，利用机器学习算法对农产品进行自动化的检测和分类，如图 2-2 所示，提高农产品质量管理的效率和准确性。

图 2-2 农产品质量检测

（3）作物病虫害预测和诊断

利用机器学习技术分析作物病虫害的发生和传播规律，预测和诊断作物病虫害，为农民提供精准的防治措施和建议。

（4）农田土壤分析

通过分析土壤样本，利用机器学习算法构建土壤质量评估模型，为农民提供精准的土壤肥力评估和施肥建议。

（5）智能化农机

利用机器学习技术对农机智能化升级，如自动化驾驶、智能化施肥、智能化灌溉等。

（6）农业气象预测

通过对气象数据的分析，利用机器学习算法进行天气预测和气象灾害预警，帮助农民及时采取相应措施。

这些机器学习技术的应用将有助于农业领域的智能化、数字化，提高农业生产效率和质量，为农业产业的可持续发展提供支持。

2.2　农业领域的计算机视觉技术

农业领域的计算机视觉技术

农业领域的计算机视觉技术指的是利用计算机视觉技术，处理和分析农业生产过程中所涉及的图像和视频。

2.2.1　计算机视觉技术的概念

计算机视觉技术是一种利用计算机对数字图像或视频进行分析、处理、理解和识别的技术。它模拟人类视觉系统对图像进行处理，通过对图像中的像素分析，提取出图像的特征，实施分类、识别、跟踪等操作。

计算机视觉技术的主要目标是让计算机像人类一样理解图像或视频，并能够自动识别和分析其中的信息。它在各个领域都有广泛应用，例如人脸识别、车牌识别、医学影像分析、无人驾驶、安防监控、农业生产等。

计算机视觉技术的基本流程包括图像采集、图像预处理、特征提取、特征匹配和决策判定等步骤。其中，图像采集是指通过摄像机等设备将物体的图像转换为数字信号；图像预处理则是对图像进行降噪、增强、锐化等操作，以提高特征提取的准确性；特征提取则是从图像中提取出具有代表性的特征，例如边缘、纹理、颜色等；特征匹配则是将提取出的特征与模板进行匹配，找出最相似的部分；决策判定则是根据匹配结果进行分类、识别、跟踪等操作。

2.2.2 农业领域的计算机视觉技术应用

通过对农业图像和视频的分析和处理，可以实现以下几个方面的应用：

（1）病虫害检测和预测

通过对农田图像的分析和处理，可以检测并预测病虫害的发生和传播情况，帮助农民及时采取措施，避免和减少病虫害对作物的影响。

（2）农田监测和管理

通过对农田图像的分析和处理，可以监测和管理农田的土壤质量、植被覆盖情况、水资源利用情况等，帮助农民实现精准农业，提高生产效率和质量。

（3）农产品质量检测

通过对农产品图像的分析和处理，可以检测农产品的大小、颜色、形状等特征，帮助农业生产者实现精准采收和质量控制，提高农产品的市场竞争力。

（4）农作物识别和分类

通过对农田图像的分析和处理，可以识别和分类不同的农作物，包括小麦、玉米、水稻、大豆还有水果等，如图 2-3 所示。这对于农业管理和监测非常重要，可以帮助农业生产者更好地了解农田的状况和生长情况。

总之，农业领域的计算机视觉技术具有广泛的应用前景，可以为农业生产带来更多的效益和价值。

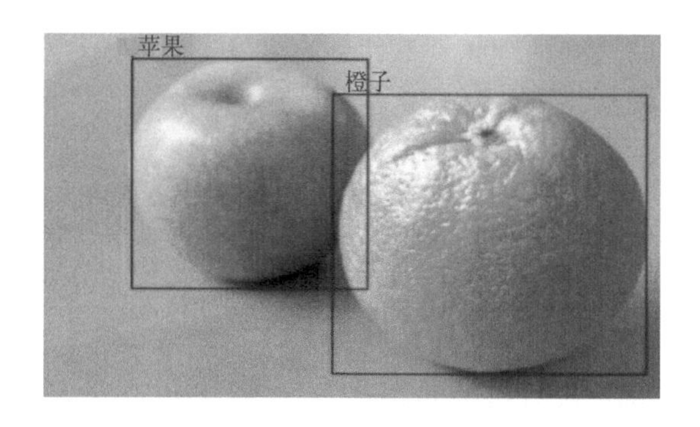

图2-3　农作物识别和分类

2.3　农业领域的大数据技术

农业领域的大数据技术可以为农业生产、资源利用、农村经济发展等提供有效的支持。数据技术可以通过采集、整理、分析和挖掘海量数据，帮助农民和农业从业者更好地把握市场、科学管理农业生产、提高农产品质量和增加收益。

2.3.1　大数据技术的概念

大数据技术是指处理、存储和分析大量数据的技术和工具集合。这些数据可能来自不同的来源，如传感器、社交媒体、电子商务、金融交易、医疗记录等等。随着数据产生的速度和数量的不断增加，大数据技术变得越来越重要。

大数据技术主要包括数据收集和存储、数据处理和分析、数据可视化和呈现以及数据安全和隐私保护等方面。数据收集和存储方面包括分布式文件系统、关系型数据库、非关系型数据库、数据仓库等技术；数据处理和分析方面包括数据挖掘、机器学习、人工智能等技术；数据可视化和呈现方面包括数据报表、可视化分析工具等；数据安全和隐私保护方面包括数据加密、访问控制、身份认证等技术。

大数据技术的发展使得企业和组织能够更好地利用数据来支持业务决策、提高效率、改善产品和服务质量。通过应用大数据技术，企业可以从大量数据中挖掘出有用的信息和模式，更好地了解消费者需求、优化供应链、提高产品质量、降低成本等。同时，大数据技术也对医疗、金融、物流等行业的发展产生了重要影响。

2.3.2 农业领域的大数据技术应用

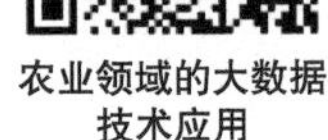
农业领域的大数据技术应用

在农业领域，大数据技术的应用可以帮助农民和农业企业更好地管理和利用农业资源，提高农业生产效率和质量。以下是一些农业领域的大数据技术应用：

（1）农业气象大数据

通过收集和分析气象数据，可以更好地预测天气和气候变化，以便农业生产经营者做出更好的决策。例如，可以利用气象数据确定最佳的农作物种植时间、施肥时间、灌溉时间等。

（2）农业数据采集和监测

通过安装传感器、监控设备等，可以对农田土壤、植物生长情况、农作物病虫害等进行实时监测和数据采集，如图 2-4 所示，可用于制订更准确的农业管理计划，提高农业生产效率。

（3）农业数据分析和预测

利用机器学习、数据挖掘等技术，可以对农业数据进行分析和预测。例如，可以利用历史数据和气象数据预测未来的农作物产量和价格趋势，以便农业生产经营者做出更好的决策。

（4）农业供应链管理

通过利用大数据技术，可以实现对农产品生产、加工、运输、销售等各个环节的实时监测和数据分析。这有助于优化供应链管理，提高效率，降低成本，提高产品质量。

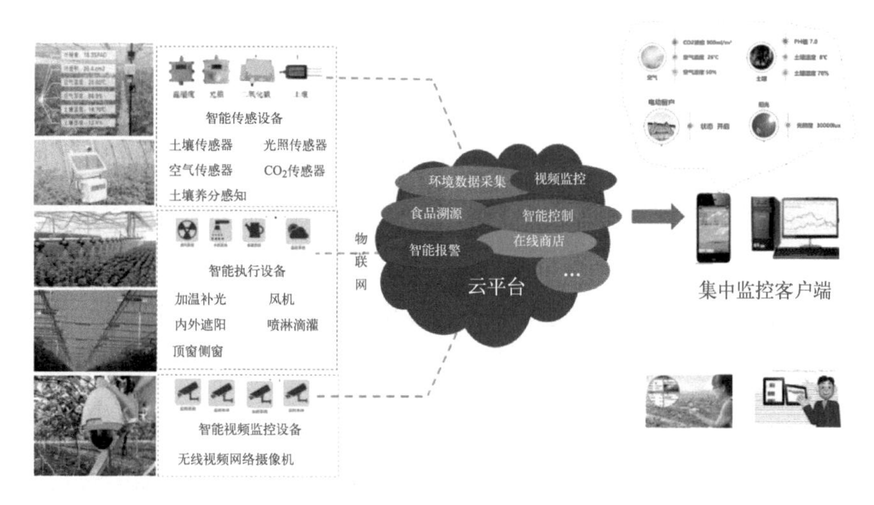

图 2-4　农业数据采集和监测

2.4　农业领域的机器人技术

农业领域的机器人技术是一种新兴技术，它能够为农业生产带来更高效、更精准的解决方案，通过使用机器人来完成农业生产过程中的各项工作，可以大大提高农业生产效率和质量，同时减少对环境的影响。

2.4.1　机器人技术概念

机器人技术是一种涵盖多个方面的综合性技术，主要包括以下几个方面：

（1）机器人控制

是指控制机器人运动和行为的软硬件系统。机器人控制系统包括传感器、执行器、控制器等多个组件，通过这些组件，可以实现机器人的运动规划、路径规划、运动控制等功能。

（2）机器视觉

它通过图像识别和分析技术，使机器人可以理解和感知环境中的物体和场景。机器视觉技术包括图像处理、目标检测、物体识别、三维重建等，可以应用于自动驾驶、智能家居、机器人巡检等领域。

（3）人机交互

实现人与机器人之间的有效交流和互动，这项技术主要包括语音识别、自然语言处理、情感计算、人脸识别等多个方面。人机交互技术可以实现更加自然、智能化的人机交互方式。

总的来说，机器人技术是一种不断发展和创新的技术，将在未来的生产和生活中扮演越来越重要的角色。

2.4.2 农业领域的机器人技术应用

农业领域的机器人技术应用

机器人技术应用可以帮助农民更有效地管理和利用农业资源，帮助农民完成烦琐的工作，降低人力成本和劳动强度，同时提高农业生产效率和质量。以下是一些常见的农业领域机器人技术的应用：

（1）农业机器视觉

农业机器视觉是一种能够使用图像处理技术进行农业生产管理的方法。它们可以使用高分辨率的摄像头对农田内的植被、土壤、病虫害等进行监测和识别。这些技术可以帮助农民更准确地识别病虫害等问题，从而更好地管理农作物。

（2）农业无人机

农业无人机是一种能够进行农田内空中监测的机器人。它们可以使用多种传感器收集农田内的数据，例如温度、湿度、光照、植被覆盖率等。这些数据可以帮助农民更准确地了解农田的状态，从而更好地管理农作物，提高农业生产效率。

（3）农业机器人

农业机器人是一种能够在农田内进行各种操作的机器人，例如播种、施肥、除草、收割等，如图 2-5 所示。他能够减少农业劳动力的使用，降低劳动力成本，同时提高生产效率和质量。

图 2-5　农业机器人

（4）农业智能化

农业智能化是使用物联网、人工智能等技术进行农业生产管理的方法。能够监测和控制农业生产的各个环节，例如灌溉、施肥、除草、病虫害防治等。这些技术可以帮助农民减少资源浪费，提高农业生产效率。

2.5 【实践案例】基于推理机的植物分类实现

基于推理机的
植物分类实现

2.5.1 实施思路

当前已经介绍了农业领域的机器学习技术、计算机视觉技术、大数据技术和机器人技术的概念，以及这些技术在农业领域的应用。接下来将通过“基于推理机的植物分类实现”案例，手动输入植物的若干特征编号来推理识别植物。本案例的推理机可以识别“玫瑰”“荷花”“仙人球”“水棉”和“苹果树”果种植物。

案例实现思路如下：

（1）创建实训项目

进入人工智能交互式在线学习及教学管理系统，在对应的课程下创建实验脚本。

（2）创建产生式规则库

根据植物本身的特点构建产生式规则。

（3）规则库推理

利用创建好的产生式规则库以及输入的特征编号对植物进行推理。

2.5.2 实施过程

步骤一：创建实施项目。

① 登录人工智能交互式在线学习及教学管理系统，单击左侧导航栏“我的课程”，进入“农业人工智能关键技术”学习任务，单击“开始实验”按钮，如图 2-6 所示。

图 2-6 “开始实验”按钮

② 在控制台界面，选择“人工智能在线实训及算法校验”环境，单击“启动”按钮，如图 2-7 所示。

图 2-7 选择“人工智能在线实训及算法校验”

单击实训环境界面右侧的“New” - “Python 3”选项，创建 Jupyter Notebook，如图 2-8 所示。

图 2-8　创建 Jupyter Notebook

③ Jupyter Notebook 创建完成后，即可在代码编辑块中输入代码。如果需要增加代码块，可以单击功能区的“＋”按钮，如图 2-9 所示，如果要运行该代码块，可以按下键盘的“Shift ＋ Enter”快捷键。

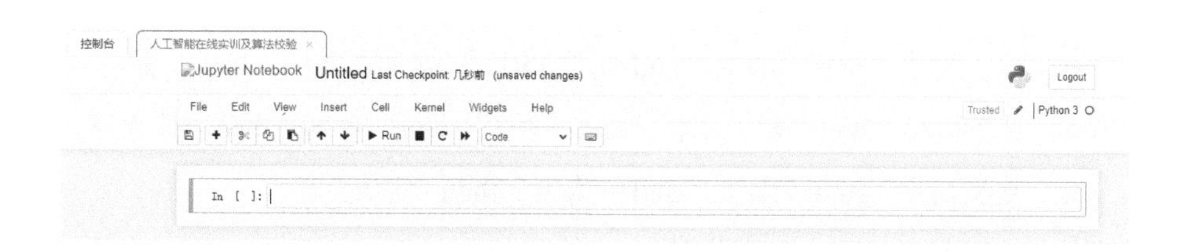

图 2-9　Jupyter Notebook 界面

步骤二：创建产生式规则库。

产生式规则库也称为产生式规则集，由领域规则组成，在机器中以某种动态数据结构来组织，一般可形成一个称为推理网络的结构图，本实验的产生式规则库如图 2-10 所示。

① 产生式的形式为 if……then，当利用产生式来判断时，需要根据物体的特征来构建。如：种子有果实，可以得到结论，它是被子植物。使用产生式的书写规则就可以将其写为：“if 种子有果皮　then 被子植物”。根据这种写法可以得到本次实训的产生式规则库：

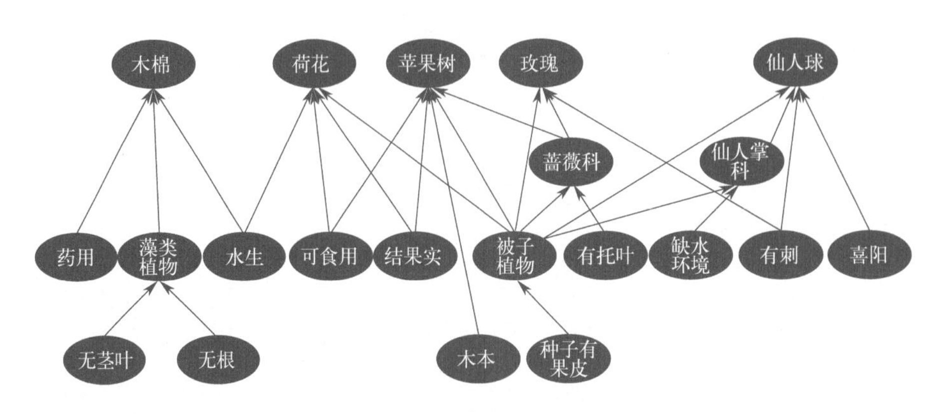

图 2-10 植物产生式规则库

if 种子有果皮 then 被子植物

if 无茎叶 and 无根 then 藻类植物

if 被子植物 and 有托叶 then 蔷薇科

if 被子植物 and 缺水环境 then 仙人掌科

if 被子植物 and 蔷薇科 and 有刺 then 玫瑰

if 被子植物 and 水生 and 可食用 and 结果实 then 荷花

if 被子植物 and 仙人掌科 and 喜阳 and 有刺 then 仙人球

if 藻类植物 and 水生 and 药用 then 水棉

if 被子植物 and 蔷薇科 and 木本 and 可食用 and 结果实 then 苹果树

② 根据产生式规则库定义所有的前件和后件。利用 Python 定义一个列表用来存储所有的前件和后件信息，由于 Python 的索引是从 0 开始的，为了方便阅读将列表索引为 0 的元素设置为空。

```
# 根据产生式定义前件和后件
features = [" 种子有果皮 "," 无茎叶 "," 无根 "," 有托叶 "," 缺水环境 ", \
            " 有刺 "," 水生 "," 可食用 "," 结果实 "," 喜阳 "," 药用 ",\
            " 木本 "," 被子植物 "," 藻类植物 "," 蔷薇科 ", \
            " 仙人掌科 "," 玫瑰 "," 荷花 "," 仙人球 "," 水棉 ",\
            " 苹果树 "]
```

③ 应用 Python 的打印函数将提示信息打印出来便于用户理解。

```
print(' 以下是一些植物的特征：')
print('\n')
```

④ 根据列表创建前件的输入编号。为了便于各前件的输入，可以为每个前件编号。为了排版显示的效果，设置每行显示 4 个前件。

```
# 创建前件的输入编号
i = 1
while i < 17:  # 根据规则库共有 16 个前件
    print('%d' %i +'.'+ features[i]+ '  ', end='')  # 对每个前件进行编号。如1. 种子有果皮
    i = i+1
    if i % 4 == 1:  # 每次打印 4 个前件就换行
        print('\n')
```

此时，代码的运行结果如下：

```
1. 种子有果皮   2. 无茎叶   3. 无根   4. 有托叶

5. 缺水环境   6. 有刺   7. 水生   8. 可食用

9. 结果实   10. 喜阳   11. 药用   12. 木本

13. 被子植物   14. 藻类植物   15. 蔷薇科   16. 仙人掌科
```

⑤ 输入前件。生成了前件列表以及对应的编号，此时使用 Python 的输入函数完成前件编号的输入。

```
# 定义用户的输入
answer = input(' 请选择植物的特征编号，用英文逗号分开，回车结束输入：')
```

当用户输入前件编号后，将输入结果转换为列表的形式。使用 try……except 的形式处理异常，当输入满足条件时，则会正确执行 try 模块下的代码，如果存在异常，则会打印提示信息。

```
    try:
        answer = list(answer.split(',')) # 利用 split 将输入进行逗号分隔，利用 list 将其转换为列表
        new_answer = [int(x) for x in answer] # 利用列表推导式将列表中每个元素转换为 int
        print(new_answer) # 打印转换的输入列表
    except Exception:
        print(' 您输入的是数字吗？或者，逗号不是英文的？ ') # 如果存在异常则打印提示信息
        sys.exit()
```

步骤三：推理库推理。

① 定义规则。根据规则库定义若干条规则，便于后期的推理判断。如第一条规则为：if 种子有果皮 then 被子植物。则可以定义第一个规则为：R1=［种子有果皮］，根据各前件的编号，规则形式转换为 R1=［1］。依照这种方式定义所有规则。

```
rule1 = [1]  # if 种子有果皮  then  被子植物
rule2 = [2,3]  # if 无茎叶 and 无根  then  藻类植物

rule3 = [4,13]  # if 被子植物 and 有托叶  then  蔷薇科
rule4 = [5,13]  # if 被子植物 and 缺水环境  then  仙人掌科

rule5 = [6,13,15]  # if 被子植物 and 蔷薇科 and 有刺 then 玫瑰
rule6 = [13,7,8,9]  # if 被子植物 and 水生 and 可食用 and 结果实 then 荷花

rule7 = [13,6,16,10]  # if 被子植物 and 仙人掌科 and 喜阳 and 有刺  then  仙人球
rule8 = [14,7,11]  # if 藻类植物 and 水生 and 药用  then 水棉

rule9 = [13, 15, 12, 8, 9]  # if 被子植物 and 蔷薇科 and 木本 and 可食用 and 结
```

果实 then 苹果树

② 更新输入列表。对比输入列表与定义的规则，如果无法推导出具体的植物但是又符合规则库中“前件 - ＞后件”的形式，则会将推理得到的后件添加形成新的输入，便于进一步地推理。

```
if set(rule1) == set(new_answer):
    print(features[1]+” ->” +features[13])
    new_answer.append(13)  # 输入变为 [1,13]
if set(rule2) == set(new_answer):
    print(features[2]+"+"+features[3]+"->"+features[14])
    new_answer.append(14) # 输入变为 [2,3,14]
if set(rule3) == set(new_answer):
    print(features[4]+"+"+features[13]+"->"+features[15])
    new_answer.append(15) # 输入变为 [4,13,15]
if set(rule4) == set(new_answer):
    print(features[5]+"+"+features[3]+"->"+features[16]) # 输 入 变 为
[5,3,16]
    new_answer.append(16)
```

以第一个判断模块为例。由于列表有顺序，如列表［1，2］和列表［2，1］并不相同，所以需要将输入列表和规则列表转换为没有顺序的集合形式，调用 Python 中的 set 函数进行集合转换。判断输入集合与规则集合是否相同，如果相同则会打印出推理的信息。由于推理的结果不是具体的植物而又符合规则库，所以调用 append 函数将推理的结果添加到输入列表中，用于后续进一步推理。

③推理得出结论。使用最终的输入列表，根据定义的规则库来推理识别植物。

```
if set(rule5) == set(new_answer):
    print(features[17]) # 如果输入满足规则 5，则输出植物为玫瑰
elif set(rule6) == set(new_answer):
    print(features[18]) # 如果输入满足规则 6，则输出植物为荷花
```

```
    elif set(rule7) == set(new_answer):
        print(features[19]) # 如果输入满足规则 7，则输出植物为仙人球
    elif set(rule8) == set(new_answer):
        print(features[20]) # 如果输入满足规则 8，则输出植物为水棉
    elif set(rule9) == set(new_answer):
        print(features[21]) # 如果输入满足规则 9，则输出植物为苹果树
    else:
        print(' 无法识别该植物！ ') # 如果输入不满足规则，则打印出失败信息
```

程序运行结果如下，通过输入植物的特征编号［6，13，10，16］，根据规则库可以推理出具体的植物为“仙人球”。

以下是一些植物的特征：

```
1. 种子有果皮 2. 无茎叶 3. 无根 4. 有托叶
5. 缺水环境 6. 有刺 7. 水生 8. 可食用
9. 结果实 10. 喜阳 11. 药用 12. 木本 13. 被子植物 14. 藻类植物 15. 蔷薇科
16. 仙人掌科

请选择植物的特征编号，用英文逗号分开，回车结束输入：6，13，10，16
[6，13，10，16]

该植物为：仙人球
```

▶ 第二篇

农业人工智能基础应用

我国农业经济发展的方向必然是智慧化系统管理，这是由传统农业转变为现代化农业的必经之路。本篇章将围绕农业领域中的“果园”“林业”“畜牧业”“渔业”四个板块展开介绍人工智能技术带来的变化及应用，并重点介绍在这些应用中所涉及的关键技术，包括图像分类、物体检测、图像分割等，同时指导读者完成人工智能基础应用案例，学会通过调用API来体验人工智能所带来的便利。

第3章

果园人工智能应用

果园人工智能应用是指应用人工智能技术，对果园生产和管理过程进行智能化改造和升级的应用。果园人工智能应用可以涵盖果树种植、管理、采摘、销售等各个环节，包括但不限于智能灌溉、智能施肥、智能采摘、智能营销等。总之，果园人工智能应用是果业现代化的重要体现，可以大大提高果园的生产效率、品质和经济效益，同时也为果农提供更好的技术支持和服务。

【知识框架】

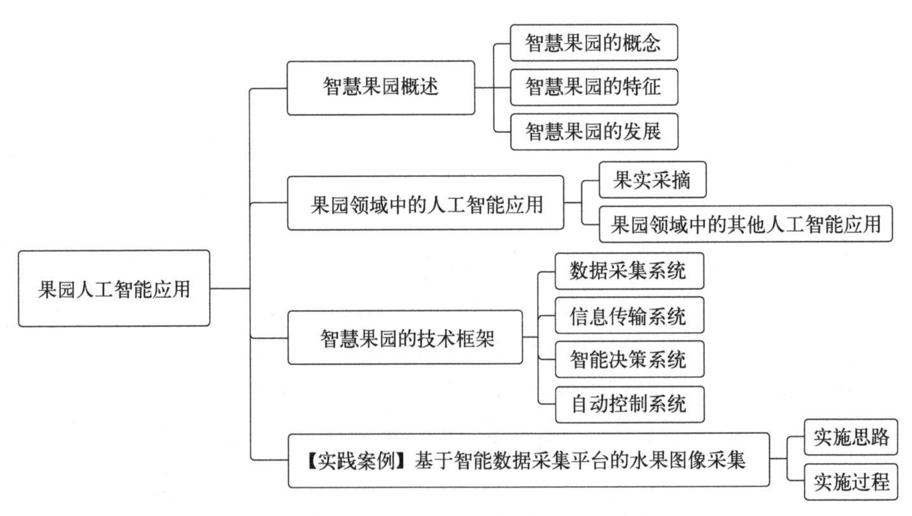

3.1 智慧果园概述

水果产业是农业的一部分，要想发展水果产业的智能化、自动化，实现水果产业的产业升级，智慧果园就是一种产业升级的体现。

3.1.1 智慧果园的概念

智慧果园是指利用人工智能、物联网、无线通信技术、云计算、大数据、遥感等新一代信息技术，实现对果园的实时监测、数据化分析和预测、提供精准的种植管理建议和智能化支持决策的智慧农业系统。形成现代信息技术、智能化管理、社会化服务等一体化服务的新模式。

智慧果园将传感器、摄像头等设备与互联网连接，通过采集果园内的气象、土壤、作物生长状况等数据，如图3-1所示，借助人工智能算法实现自主学习和优化，为果农提供科学、高效、可持续的种植管理方案。

图3-1 果园数据采集

智慧果园还与智能化装备、智能机器人相结合，参与水果的生产、加工、管理、销售等全链条的产业链，形成自动化、数字化、智能化的现代化果园产业。

3.1.2　智慧果园的特征

智慧果园具有智慧农业鲜明的信息化特征，在果园生产的各个环节中都广泛地应用着与智慧农业相关的信息、知识和技术，形成了独特的产业特征，以下主要介绍智慧果园的基本特征和产业特征。

（1）基本特征

智慧果园的基本特征主要包括生产要素协同化、智能化控制、精细化管理、全程透明化，以下是基本特征的详细介绍。

① 生产要素协同化：智慧果园不仅对果品负责，还要对生产要素进行合理的规划，使得投入产出比最大化。传统果园种植对水资源、土地资源、肥料等生产要素的投入以及管理的判断主要依靠以往的经验积累，智慧果园协同种植作物、环境、技术和资金等要素的投入比例，克服生产要素边际收益递减规律，达到科学种植管理，又能增产增收的目的。

② 智能化控制：通过传感器、网络通信等技术手段，实现对果园环境、土壤、气象等各种因素的监测和数据采集，实时了解果树的生长状况。经由大数据分析后，对其进行精准施肥、精确用药以及种植品种选择等的优化策略，并与智能化农业机械联合，实现自动化、智能化作业。

③ 精细化管理：基于科学管理和智能化控制，借助能够自主学习与优化的人工智能算法，对果园实现精准施肥、精确用药、智能化农业装备的控制，提高果园的管理水平。

④ 全程透明化：智慧果园的产业链主要有生产、运输、销售三个环节。利用信息化技术将种植、施肥、采摘、包装等生产环节的数据共享；对运输过程进行实时监控，将数据反馈消费者；在销售环节可以通过电商平台和线下门店销售，消费者可以直接了解到果品的来源、生产过程和质量信息，达

到全程可溯源的目的。

（2）产业特征

智慧果园的产业特征主要包括产业化、优质化和系统化，以下是产业特征的详细介绍。

① 产业化：智慧果园在现代信息技术的支持下，形成了全链条的生产经营模式，如图 3-2 所示。把控专业服务和质量管理，有助于打造果品品牌价值，改变传统果园的经营模式，形成适应现代化农业市场的新经营模式。

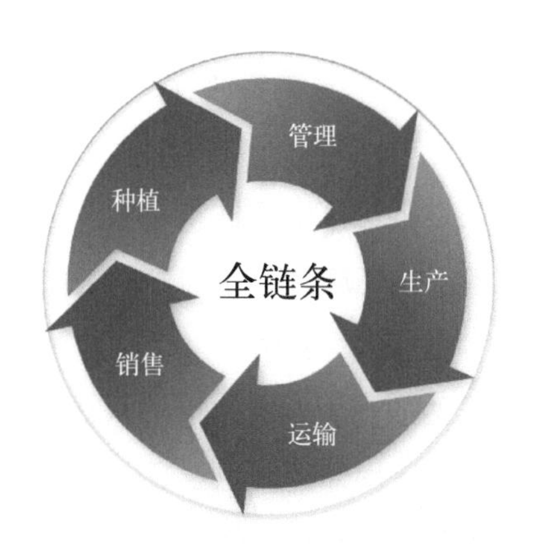

图 3-2　智慧果园全链条经营模式

② 优质化：智慧果园在各方面技术的支持下，利用物联网、卫星遥感、智能机器人等技术监控果树生长状况，在适宜的时候采取适当措施来提高果品质量。通过全程可溯源的方式，保证在生产、运输和销售时的果品安全。

③ 系统化：以高质量、服务优的经营理念，贯穿全链条的生产经营模式，利用人工智能、大数据整合各方面资源，实现多元化的农业生产模式。采用智慧管理协调全链条中的各个环节，形成综合管理体系，重构产业模式。

3.1.3　智慧果园的发展

智慧果园的发展历史可以追溯到 20 世纪 90 年代初期，当时一些国外企业开始尝试将物联网技术应用于果园管理中。随着物联网、大数据、云计算等技术的不断发展，智慧果园的发展也逐渐加速。接下来介绍智慧果园在国内外的发展状况。

（1）国外发展现状

发达国家都重视自动化、智能化技术在农业中的应用，以推动数字化农业创新为动能，纷纷开展关于农业技术、人才的战略部署。美国卡内基梅隆大学建立了农业机器人国家实验室，提出了智能农业的研究计划；日本推出了“农业发展 4.0 框架”；欧洲国家在管理决策方面和智能机械装备技术上成熟度高，英法两国已经搭建了农业大数据的体系。这些国家和地区在果园的种植和智能作业等方面在全球具有领先地位，主要从种植技术、智能作业、果品质量上体现。

① 种植技术：农业发达的国家非常注重科学种植，他们对种植技术的研究尤为深入，如灌溉技术，施肥施药、作物生长监控等方面，还建立大数据体系对作物的生长环境因素做出智能化决策。

② 智能作业：农业发达的国家对农业机械和农艺的结合重视程度高，形成了成熟的智能化农机设备应用体系，也孕育了一批果园的智能农机设备制造公司；他们研制出了针对“矮窄小”地形的智能农机，并能够运用到果园中，自主作业的能力强，能够实现自主采摘。

③ 果品质量：欧美国家的果园机械化程度非常高，同时也注重采摘果实的品质，在复杂采摘过程中不仅要精确地采摘成熟的果实，提高效率，还要减少采摘中损伤果实的概率。

（2）国内发展现状

国内智慧农业的发展较晚，智慧果园还处于发展阶段。为了促进智慧果园技术升级，我国相关部门出台了一系列扶持政策，一些大型果农、果园已经开始采用物联网、云计算等信息技术实现了对果树生长的精准管理，已具备智慧果园的雏形。但目前我国还存在着智能管理平台不完善、缺少专业的智能农机设备等问题。在乡村振兴战略的推动下，也取得了一些成果。如：在智能农机方面，华中农业大学陈红博士团队设计了一款针对矮砧宽行密植模式和农艺种植要求的自走式果园多工位收获装备；在喷雾施药方面，中国农业大学何雄奎教授团队实现了机器人的自主导航及自动对靶喷雾。在新一代信息技术的推动下，智慧果园将会得到更多新型技术的应用。

3.2　果园领域中的人工智能应用

果园领域的人工智能应用，通过部署各类传感器、信号基站、智能机器人、无人机等，利用智能控制、自主规划、自然语言处理、图像识别等技术和高速的数据处理能力，监测、分析、处理、过滤大量实时数据，在果实采摘、智能灌溉系统、精准农业服务平台、果树生长状况监测、智能喷雾系统，实现智能筛选、智能监测、智能防治和智能控制。

3.2.1　果实采摘

果实采摘

果实采摘主要是以果实成熟度为依据，将成熟度足够的果实从果树上采摘下来。不同种类的果实，在成熟程度上的标准也有所不同。果实的正确采摘决定着果实的品质和数量，正确地识别果实成熟程度显得尤为重要。

（1）背景

我国是农业生产大国，近几年来，我国的水果产业也紧随粮食产业、蔬菜产业成为种植业第三大产业。2015 年至 2022 年间 , 仅 2016 年水果产量出现同比下降，其他年份中国水果产量均呈同比增长趋势，如图 3-3 所示，从 2015 年的 22091.5 万吨，到 2022 年的 31296.24 万吨。水果产业已经是我国农业的重要组成部分，对于农业发展和居民收入提升发挥着重要作用，极大地促进了农村地区的经济发展。

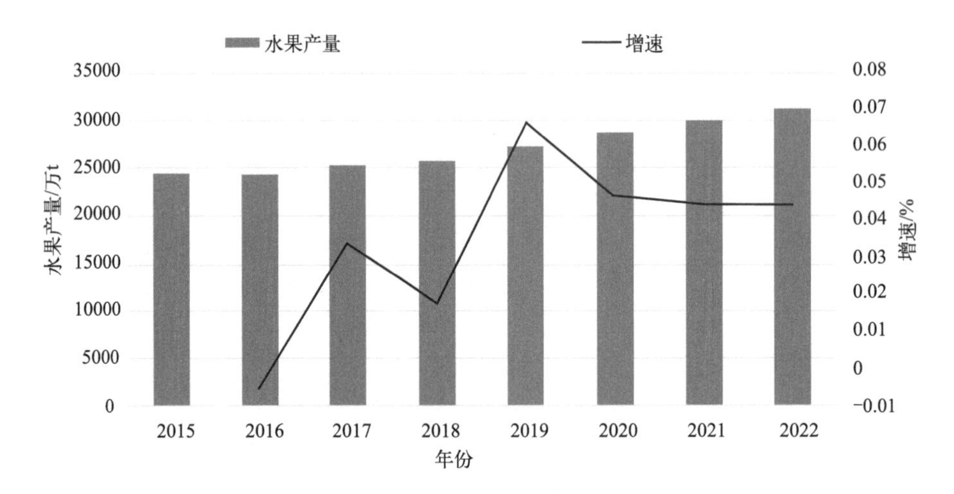

图 3-3　2015 ~ 2022 年我国水果产量及增速

随着我国人民生活水平的提高和消费的升级，人们也逐渐重视饮食健康，对营养丰富的水果的需求量也日益增加。为了满足人们的需要，果农需要在种植、采摘方面提高水果的品质。

在现代化农业背景下，水果产业需要引进现代化技术来保证品质。最好的体现就是在采摘环节，准确识别果实的成熟度，并根据果实的位置推算出对果实损伤最小的采摘方式。因此，果实自主采摘技术对水果生产非常重要。果实自主采摘的技术不仅可以应用在水果行业，在粮食和蔬菜生产中也有着广泛的应用。如采摘成熟的番茄、彩椒等。

（2）传统的果实采摘方法

传统的果实采摘方法建立在植物学、食品科学和农业科学等多个学科的基础上，通过果实的形态、颜色、质地、口感、香气等特征来判断果实是否成熟。传统的果实采摘方法根据采摘量和果树大小的不同，也有所区别。采摘量越大，要求效率越高。

传统的果实采摘方法可以按照采摘方式分为手摘法、工具法和扭转法三类。

① 手摘法：通过采摘者手动施力摘下果实，如图 3-4 所示。这是常见、传统的果实采摘方法，对果实的损伤较小，但是采摘工作量较大。

图 3-4 手摘法

② 工具法：利用剪刀等工具将果实从树上摘下，如图 3-5 所示。这种方法可以准确控制采摘点，不会损伤果实，适用于一些长在高处，不易手摘果实的情况。

图 3-5 工具法

③ 扭转法：将果实旋转一定角度，使其与枝干分离的方法。这种方法可以最大程度减少果实的损伤，但需要采摘者掌握正确的技巧。

除此之外，还有基于设备的采摘方法，如通过图 3-6 所示的机械设备或人工将果实从树上震落。这种方法采摘效率较高，适用于采摘量较大的果园，但对果实的损伤也相对较大。

图 3-6　果树振动采收机

传统的果实采摘方式主要依靠人工的经验和技能，根据果实的外观、气味等特征，通过观察、分析来判断果实的成熟度，然后进行人工采摘，所以果实的采摘效率完全依靠采摘者的熟练程度。但对于果实成熟程度的判断并不准确，容易出现采摘得不熟和过熟的情况，导致品质参差不齐。无论是哪种传统的采摘方法，都无法满足采摘效率高且损伤率低的要求。

（3）果实采摘的计算机视觉方法

随着人工智能技术的不断发展，计算机视觉技术在果实采摘领域逐渐发展应用。计算机视觉技术为准确判断果实成熟度、提高果实采摘的品质提供了解决方案。与传统的果实采摘方法相比，计算机视觉主要针对成熟果实的外观形态进行特征的提取。在自然环境中，不同种类、形状的果实的特征提取较为困难，但针对特定种类的识别方法较多，为成熟果实的识别采摘提供了可能。

传统成熟果实的计算机视觉识别方法的工作流程如图 3-7 所示，首先通过工业相机或免驱相机等图像采集装置采集成熟果实的颜色和形状等物理特征，采用色差模型、阈值分割技术，对图像进行分割操作，再将分割后的图像经过膨胀和腐蚀等一系列的形态学处理，得到成熟果实区域标记，最后提取成熟果实。

图像采集 → 色差模型 → 阈值分割 → 形态学处理 → 区域标记 → 目标提取

图 3-7 传统成熟果实的计算机视觉识别方法的工作流程

最新发展的基于深度学习的成熟果实计算机视觉识别方法建立在大量数据集的基础上，通过构建深度卷积神经网络对果实图像数据进行训练学习，自动地提取果实图像中的识别特征，从而实现对成熟果实的快速识别。进而基于图像采集硬件以及算法软件构建果实采集装置，应用于智慧果园的果实自动采摘领域，其工作流程如图 3-8 所示。

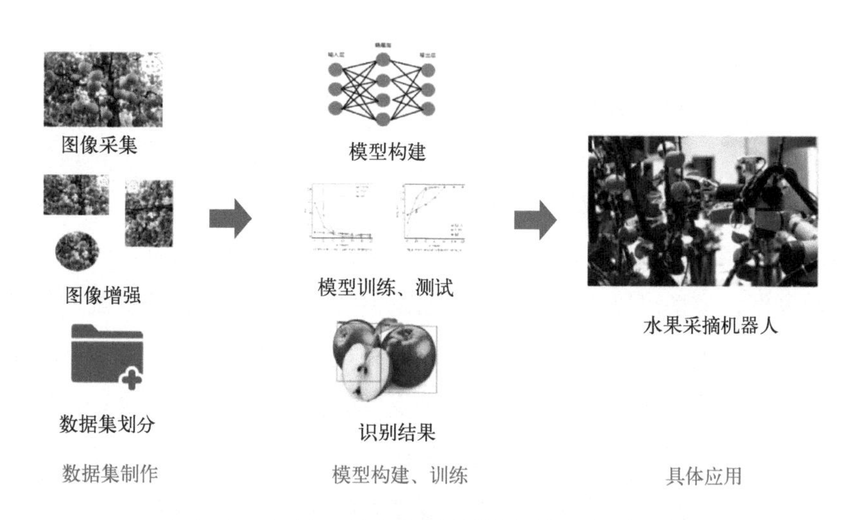

图 3-8 基于深度学习的成熟果实计算机视觉识别方法工作流程

相比于传统的计算机视觉识别模型，深度学习模型需要输入代表样本多样性的大量图像对模型进行训练，使得模型对训练的样本具有较好的识别能力。由于成熟果实图像数据集的准确性会直接影响判断果实是否成熟的识别结果，因此图像采集的样本都应该来自经过正确标注后的果实数据集，如图 3-9 所示。

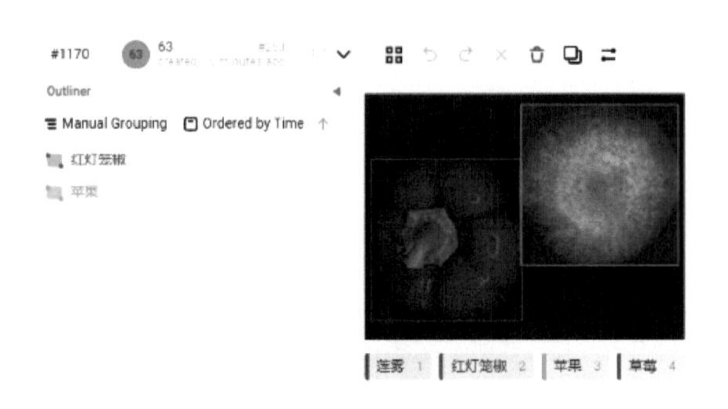

图 3-9　果实数据标注

采集的设备一般采用专业便捷的图像采集装置或手机外置摄像头，以适应大量样本的图像采集任务以及智慧果园现场采摘的应用场景。采集到图像后可以通过图像数据增强方法对原始图像进行旋转、镜像、平移和缩放等处理，这些方法可以增大数据集的规模，从而预计图像的多样性。接下来划分采集得到的数据集，通常划分为训练集和测试集，训练集图像用于模型训练，测试集用于测试模型的精度，划分比例通常为 8∶2。

基于深度学习的计算机视觉识别技术，本质上是将传统计算机视觉识别中的图像分割和目标区域提取，融合到深层的卷积神经网络中，需要大量的图像数据对模型进行训练，才能保证模型具有较好的识别能力。

深度学习模型可以自动提取果实图像识别特征并进行快速分类，对于成熟果实的识别而言，不同成熟度果实之间存在的外观差异是识别成熟果实的科学基础。因此，对深度学习模型自动提取的特征进行可视化分析，通过图像特征可视化挖掘不同成熟度果实之间的外观特征差异，对于果实采摘研究具有重要的科学意义。同时，由于深度学习的成熟果实计算机视觉识别技术具有识别准确率高、速度快的特点，在果实采摘领域具有潜在的应用价值。因此。结合软硬件并基于成熟果实计算机视觉识别技术，实现果园场景下的果实自主采摘成为智慧果园发展的主流趋势。

3.2.2　果园领域中的其他人工智能应用

果园领域中的人工智能应用不只是在水果采摘方面，在果园管理、环境监测、自动化劳作等方面都有应用。如智能灌溉系统、精准农业服务平台、果树生长状况监测、智能喷雾系统等。

（1）智能灌溉系统

利用传感器和控制器等设备，通过监测土壤湿度、气象条件等参数，实现精准的灌溉调控。这样可以最大程度地满足果树的水分需求，提高果实产量和品质。

（2）精准农业服务平台

利用互联网、云计算和物联网等技术，为果农提供在线的农业服务。这些服务包括气象预报、病虫害监测、果树管理建议等，可以帮助果农更好地管理果园。

（3）果树生长状况监测

利用无人机、物联网等技术，加上深度学习算法，对果树健康状态、果实成熟度、病虫害等信息进行识别，实现对果树生长状况的实时监测，在果农发现病虫害时为其提供解决方案，帮助果农及时采取措施防治病虫害，减少损失。

（4）智能喷雾系统

利用传感器和控制器等设备，通过监测空气湿度、气温、病虫害情况等参数，实现个性化的喷雾调控。这样可以减少不必要的农药使用，降低环境污染，并保证果实品质。

3.3　智慧果园的技术框架

智慧果园的技术框架如图 3-10 所示，主要分为数据采集、信息传输、智慧决策、自动控制四个部分。

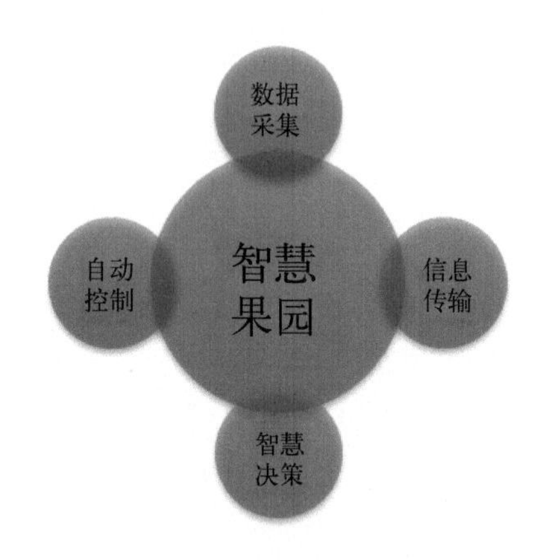

图 3-10 智慧果园的技术框架

（1）数据采集系统

数据采集系统是基于物联网、遥感技术等搭建的采集果园环境数据、监测果树生长的平台。内容包括地理位置信息采集、气候信息采集、果树生长环境信息采集等。

地理位置信息采集主要是利用遥感技术、GIS 技术对果园的地形位置、海拔、坡度等信息进行采集；气候信息采集则是利用传感器对果园地区的温度、湿度、光照强度等信息进行采集；果树生长环境信息采集则是利用传感器、摄像头对果树的土壤、水分等果树生长环境信息进行采集。

（2）信息传输系统

信息传输系统是基于现代通信技术将果园的数据采集系统、智能决策系统和自动控制系统三个环节连通起来，实现果园及时、高效、准确的信息交互和共享。现代通信技术主要包括有线通信技术、无线通信技术。有线通信技术通过光波、电信号来实现信息的传递，主要有 RS485/RS432 总线、CAN 总线等；无线通信技术利用无线电波等技术来实现信息传递，主要应用有蓝牙、红外通信技术、Wi-Fi、ZigBee 等。

（3）智能决策系统

智能决策系统是基于大数据、云计算、人工智能等技术实现数据采集系统的数据分析，再根据分析结果提供解决方案，最后通过自动控制系统实施具体方案。

（4）自动控制系统

自动控制系统主要是通过智能化平台和智能化农机设备来实现果园的自主作业。智能化平台则是通过物联网技术和人工智能技术对果园实现自主作业。主要的应用有智能灌溉系统、病害虫监测系统、智能施肥系统。智能化农机设备则是通过机器视觉技术、深度学习技术与农机设备结合对果园实现自主作业。主要的应用有智能除草设备、智能修剪设备、智能采收设备等。

3.4 【实践案例】基于智能数据采集平台的水果图像采集

3.4.1 实施思路

基于智能数据采集平台的水果图像采集

当前已经介绍了智慧果园的相关概述、果园领域中的人工智能应用以及智慧果园技术框架的相关知识，接下来通过“基于智能数据采集平台的水果图像采集”案例，使用智能数据服务平台调用本地摄像头，完成水果图像数据的采集、保存清洗及标注。本案例采用百度大脑的智能数据服务平台 EasyData 实现水果图像数据采集，该平台支持数据采集、数据清洗、数据标注等数据服务。

案例实现思路如下：

（1）采集数据

通过智能数据服务平台下载数据采集本地软件，连接并添加摄像头，设置抽帧频率开始进行水果图像数据采集。

（2）保存数据

创建水果图像数据集，将保存在云端的图像数据保存到数据集中，用于后续清洗和标注。

（3）处理数据

对保存的水果图像数据进行数据清洗，将数据集中模糊和对镜像的图像数据镜像清洗。

（4）标注数据

在智能数据服务平台 EasyData 中创建水果标签，并对清洗完的水果图像数据进行数据标注。

3.4.2　实施过程

步骤一：采集数据。

① 登录人工智能交互式在线学习及教学管理系统，进入“果园人工智能应用”学习任务，单击“开始实验”按钮。

② 在控制台界面中，选择“百度 EasyData 选选项，单击“启动”按钮，如图 3-11 所示。

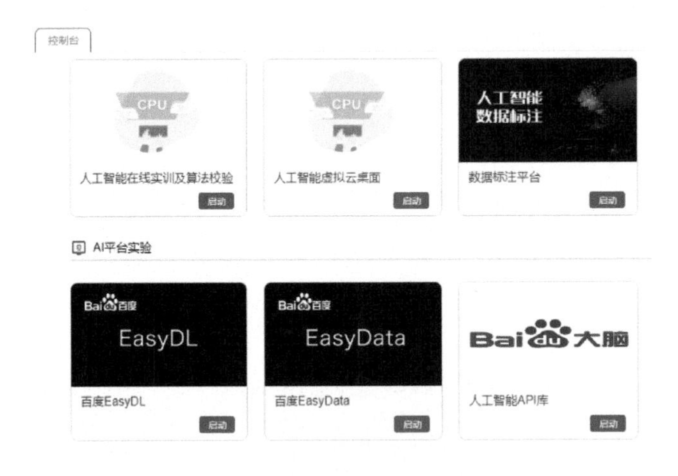

图 3-11　启动百度 EasyData

③ 进入 EasyData 智能数据服务平台首页后，在首页中单击“立即使用”按钮进入平台，如图 3-12 所示。

④ 单击“立即使用”按钮后，若未登录百度账号，则需要在登录界面中

使用百度账号登录若已经登录百度账号则可直接进入。

⑤ 进入 EasyData 数据服务平台首页后，在左侧菜单栏中单击“数据采集”-“摄像头管理”选项，进入摄像头管理界面，如图 3-13 所示。

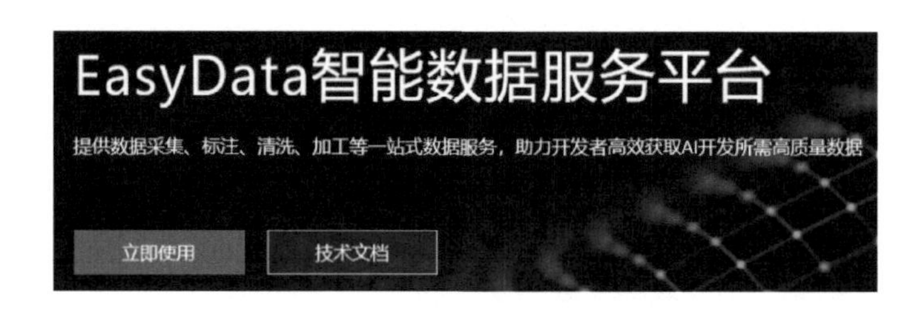

图 3-12　单击“立即使用”按钮

图 3-13　进入摄像头管理界面

⑥ 在摄像头管理界面单击“下载本地软件”按钮，下载 EasyData 本地数据采集软件，如图 3-14 所示。

⑦ 在弹出的“下载本地软件”窗口选择对应的操作系统及处理器型号，可根据采集设备端的操作系统选择，此处以 Windows 操作系统为例，选择“windows_amd64”选项并单击“确认”按钮下载软件，如图 3-15 所示。

⑧ 下载完成后可以得到一个文件名为“Capture_Tool_win_amd64.zip”的压缩文件，将压缩文件解压后可得到如图 3-16 所示的文件结构，其中 EasyData_Capture_Tool.exe 为 EasyData 本地图像采集软件的可执行程序，双

击打开该程序即可启动本地图像数据采集服务。

图 3-14　单击“下载本地软件”按钮

图 3-15　单击“确认”按钮

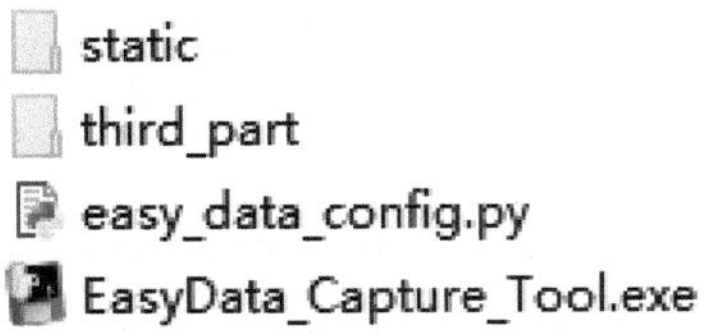

图 3-16　图像采集软件文件结构

⑨ 运行本地图像采集软件的可执行程序后，即可自动打开终端命令行窗口启动本地图像采集服务，如图 3-17 所示，接下来就可以根据提示的网址进入本地图像数据采集的界面。

```
database2 inited
database2 created
init_components success
site-packages\pyftpdlib\authorizers.py:243: RuntimeWarning: write permissions assigned to anonymous user.
WSServer start
backend service all started
WSServer start success
run run_forever
 * Serving Flask app "app" (lazy loading)
 * Environment: production
   WARNING: This is a development server. Do not use it in a production deployment.
   Use a production WSGI server instead.
 * Debug mode: off
 * Running on http://0.0.0.0:5000/ (Press CTRL+C to quit)
```

图 3-17　启动本地数据采集服务

⑩ 本地数据采集服务启动完成后，即可访问 EasyData 摄像头采集本地管理登录界面，如图 3-18 所示。

图 3-18　EasyData 摄像头采集本地管理平台界面

⑪ 回到 EasyData 摄像头管理界面，单击“查看 AK/SK”按钮查看摄像头采集本地登录所需的密钥信息，如图 3-19 所示，可单击“复制”按钮将获取到的 AK 和 SK 信息，依次粘贴到 EasyData 摄像头采集本地管理登录界面中。

⑫ 输入正确的 AK 和 SK 信息单击“登录”按钮进入平台界面，如图 3-20 所示。进入 EasyData 摄像头采集本地管理界面后，可以看到有两种方式将数据同步到云端，分别为视频抽帧接入和图片接入，且每个账号可以向云端传输总计 10 万张图片，原始图片可以在云端保留 60 天。接下来以视频抽帧接入的流程为例，调用摄像头采集数据。

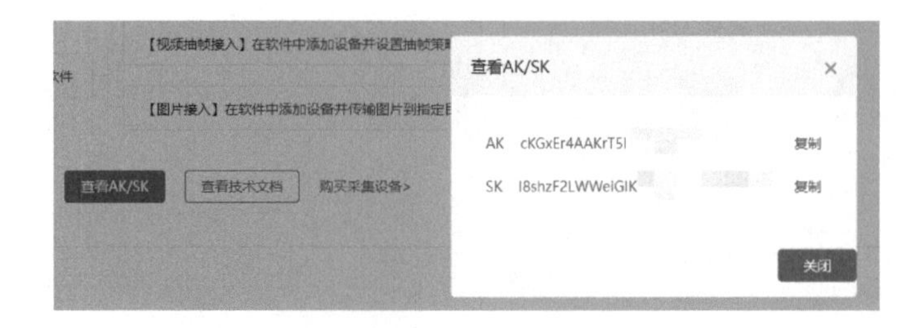

图 3-19　查看 AK/SK

图 3-20　登录 EasyData 摄像头采集本地管理

⑬ 将摄像头设备连接到采集数据的主机电脑上，接着在摄像头采集本地管理界面中，单击“添加设备”按钮，如图 3-21 所示。

图 3-21　单击“添加设备”按钮

⑭ 在弹出的“添加设备”弹窗中，选择“视频抽帧接入”选项并单击“开始”按钮，如图 3-22 所示。

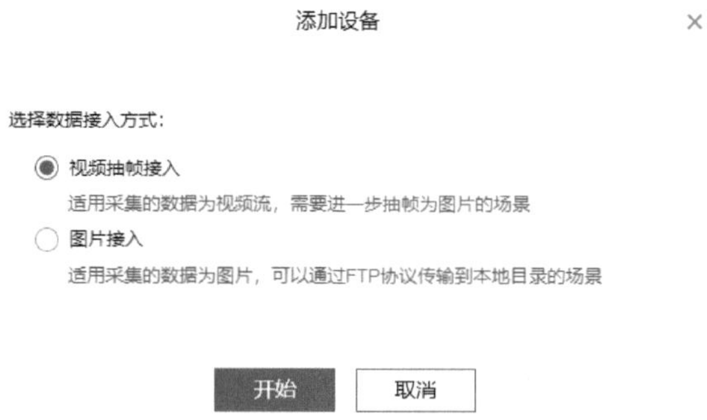

添加设备
×
选择数据接入方式：
视频抽帧接入
适用采集的数据为视频流，需要进一步抽帧为图片的场景
图片接入
适用采集的数据为图片，可以通过FTP协议传输到本地目录的场景
开始
取消

图 3-22　添加设备界面

⑮ 在“视频抽帧接入”窗口选择“摄像头路径”选项，在“设备名称”项填写对应的名称，“选择路径”项选择当前摄像头，如图 3-23 所示，接着在备注栏输入对应用途即可，最后单击“下一步”按钮完成视频抽帧设备添加。

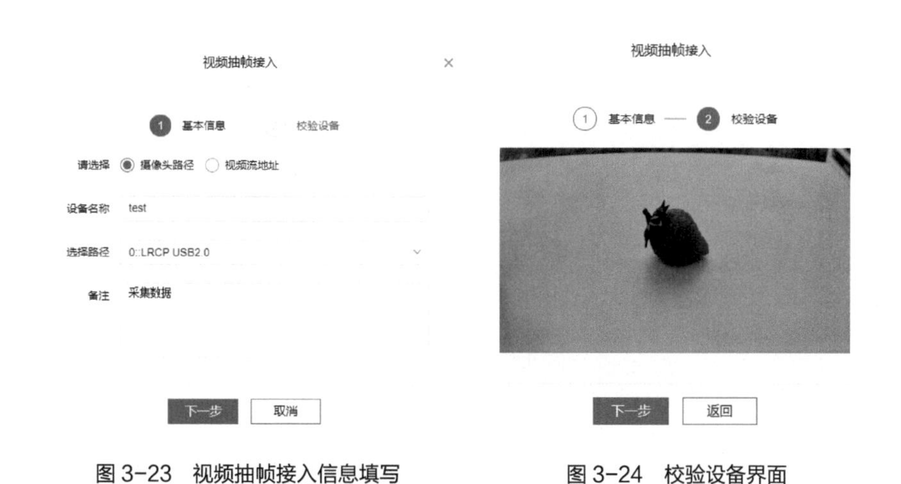

视频抽帧接入
×
1 基本信息
校验设备
请选择
摄像头路径
视频流地址
设备名称
test
选择路径
0::LRCP USB2.0
备注
采集数据
下一步
取消

图 3-23　视频抽帧接入信息填写

视频抽帧接入
1 基本信息
2 校验设备
下一步
返回

图 3-24　校验设备界面

⑯ 视频抽帧接入信息填写完成后，即可进入校验设备界面，此时平台会读取当前摄像头图像并显示，如图 3-24 所示，接着单击下一步完成摄像头设备的添加。

⑰ 摄像头设备添加完成后，可以在摄像头采集本地管理界面看到添加的

摄像头设备，如图 3-25 所示，接着可以单击“抽帧设置”选项，设置摄像头采集帧数。

图 3-25　查看添加的摄像头设备

⑱ 在弹出的“抽帧设置”窗口可以看到抽帧设置提示，抽帧频率是指抽取单张图片的时间间隔，如“5 秒 / 帧”，代表每 5s 抽取一张图片，需要根据实际采集场景来设置。此处“抽帧频率”一栏设置为“10 秒 / 帧”，“运行时间”默认为 0:0 到 23:59，如图 3-26 所示，单击“提交”按钮即可完成抽帧设置。

图 3-26　抽帧设置界面

⑲ 设置完抽帧频率后即看到“更新完成”的弹窗提示，如图 3-27 所示，接着即可在视频抽帧接入一栏下，开启“抽帧启停控制”，开始进行数据的采集。

⑳ 启动视频抽帧后，根据抽帧设置的频率采集图像数据，即 10s 采集一张图像，需要在 10s 内将所需采集的物品置于摄像头前。采集完成后，可单

击关闭“抽帧启停控制”，并在弹出的“停止抽帧”窗口中单击“确认”按钮停止数据采集，如图 3-28 所示。

㉑ 在摄像头采集本地管理界面中，选择操作项的“查看云端数据”选项，进入 EasyData 智能数据服务平台查看摄像头所采集的数据，如图 3-29 所示。

图 3-27　开启抽帧启停控制

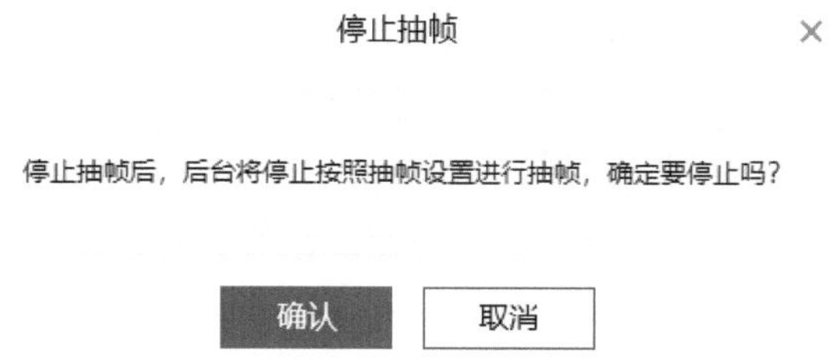

停止抽帧　×

停止抽帧后，后台将停止按照抽帧设置进行抽帧，确定要停止吗?

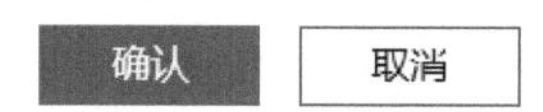

图 3-28　停止抽帧

抽帧启停控制　操作 ?

OFF　手动截屏 抽帧设置 编辑 删除 查看云端数据

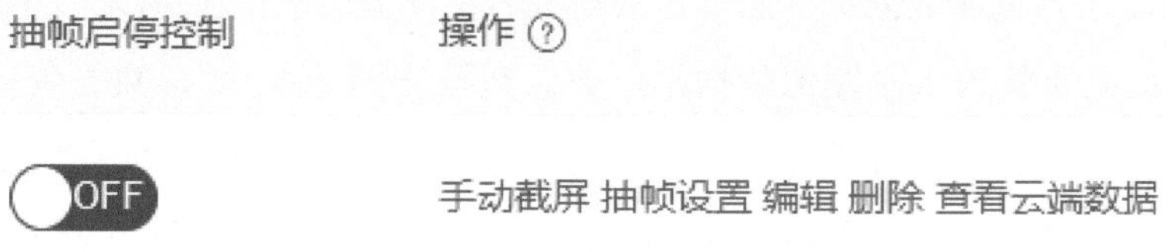

图 3-29　选择“查看云端数据”选项

㉒ 在摄像头原始数据查看界面中，勾选“选择设备 视频抽帧接入”项的“的“test”复选框，即本地添加的摄像头设备名称，选择时间为采集数据的日期，单击“查看筛选结果”按钮，筛选结果处显示所采集的水果图像数据，如图 3-30 所示。经过以上操作，完成了本地摄像头采集水果图像数据并上传到云端，下一步需要保存、清洗和标注数据，用于后续模型训练和业务场景的应用。

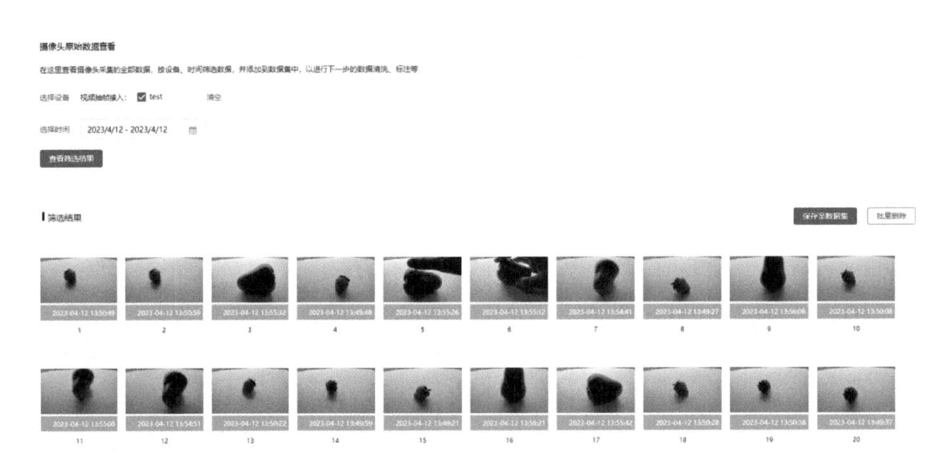

图 3-30　摄像头原始数据查看

步骤二：保存数据

步骤二：保存数据。

① 采集完成的水果图像数据需要保存。在 EasyData 数据服务界面左侧菜单栏单击“数据总览”-“数据集管理”选项，如图 3-31 所示，可进入数据总览界面。在数据总览界面单击“创建数据集”按钮，创建数据集用于存放采集到的水果图像数据，如图 3-32 所示。

② 进入创建数据集界面，在数据集名称项输入采集业务场景的数据集名称，此处可输入水果图像数据集，数据类型选择“图片”，数据集版本默认为 V1，标注类型可以根据数据后续应用的业务场景选择，如此处采集的水果图像数据用于后续水果分拣的应用场景，则选择“图像分类”选项，标注模板选择“单图单标签”选项，最后单击“完成创建”按钮即可完成数据集的创建，如图 3-33 所示。

图 3-31　单击“数据集管理”选项　　　　图 3-32　单击“创建数据集”按钮

图 3-33　创建数据集界面

③ 创建完数据集后，即可在数据总览界面看到创建完成的水果图像数据集，如图 3-34 所示，后续可以将采集到的水果图像数据保存到该数据集中。

图 3-34　数据总览界面

④ 单击 EasyData 数据服务界面左侧菜单栏的“数据采集”-“摄像头数据集查看”选项，进入摄像头原始数据查看界面，勾选“选择设备 视频抽帧

接入”项的“test”复选框并单击“查看筛选结果”按钮，单击筛选结果右侧的“保存至数据集”按钮，保存水果图像数据，如图 3-35 所示。

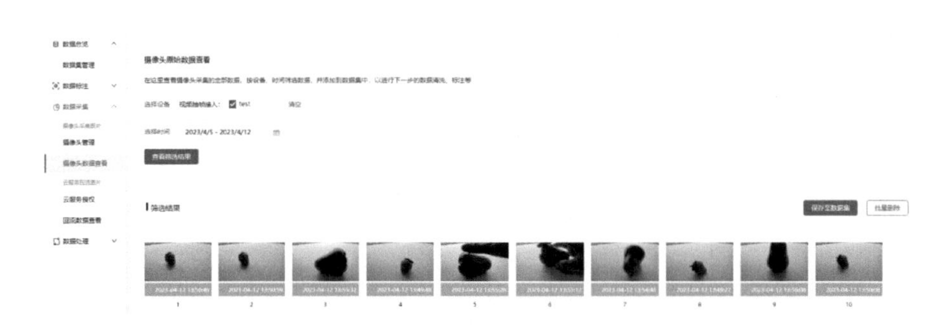

图 3-35　单击“保存至数据集”按钮

⑤ 在弹出的“保存至数据集”窗口，选择数据集项下拉列表框，选择创建完成的“水果图像数据集 /V1”选项，数据类型、标注类型、标注模板则会根据所创建的数据集格式默认，单击“确认”按钮即可完成数据集的保存，如图 3-36 所示。为了减少数据的缓存，可勾选“成功保存至数据集后，删除原始数据”复选框，将原始数据删除。

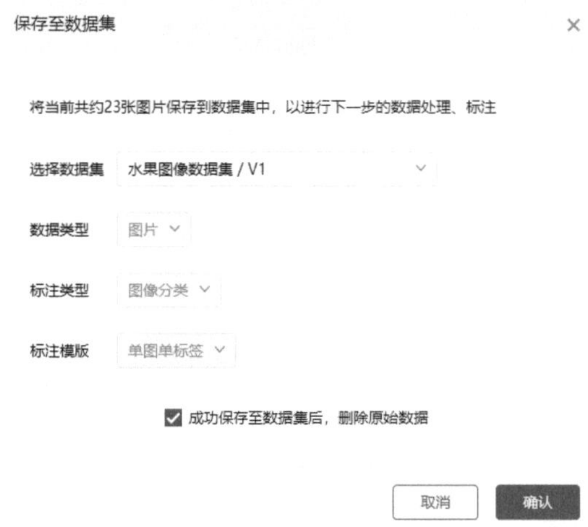

保存至数据集　×

将当前共约23张图片保存到数据集中，以进行下一步的数据处理、标注

选择数据集　水果图像数据集 / V1

数据类型　图片

标注类型　图像分类

标注模版　单图单标签

成功保存至数据集后，删除原始数据

取消　确认

图 3-36　保存至数据集配置界面

⑥ 数据集保存完成后，可单击图 3-35 左侧菜单栏的“数据总览”-“数据集管理”选项，查看保存的水果图像数据集，如图 3-37 所示。可以看到此处共保存了 23 张水果图像数据，接下来可以使用智能数据服务平台 EasyData 的数据处理功能对原始数据进行处理。

水果图像数据集　数据集组ID：　　　新增版本　全部版本　删除

版本	数据集ID	数据量	最近导入状态	标注类型	标注模板	标注状态	清洗状态	操作
V1	1808925	23	已完成	图像分类	单图单标签	0% (0/23)	-	查看与标注　导入　导出　清洗　···

图 3-37　查看保存的水果图像数据集

步骤三：处理数据。

① 在 EasyData 数据服务界面，单击左侧菜单栏中的“数据处理”-“清洗任务管理”选项，如图 3-38 所示，进入清洗任务管理界面。在清洗任务管理界面单击“新建清洗任务”按钮即可进入，如图 3-39 所示。

图 3-38　进入清洗任务管理界面　　图 3-39　进入新建清洗任务界面

② 在新建清洗任务界面配置清洗类型为“图片数据清洗”，如图 3-40 所示。

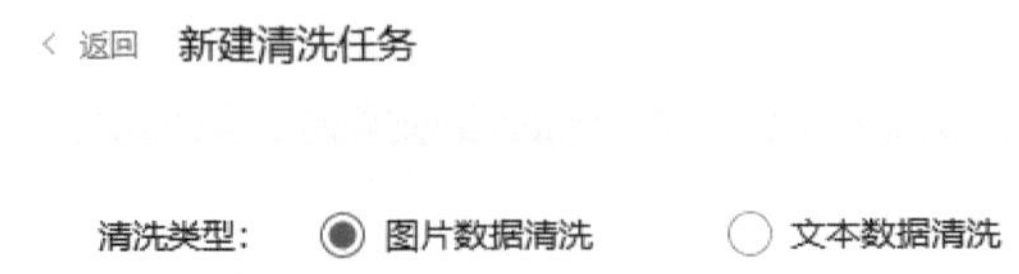

‹ 返回　新建清洗任务

清洗类型：　◉ 图片数据清洗　　○ 文本数据清洗

图 3-40　清洗类型选择

③ 在选择数据集界面选择清洗前后的数据集，清洗前选择保存的“水果图像数据集 /V1”，清洗后可在“水果图像数据集”中单击“新建版本”选项，新建新版本数据集用于存储清洗后的数据，此处选择“V2”选项，如图 3-41 所示。

▎请选择数据集

提交任务后若对原数据集导入新数据，新数据将不会被清洗。同时清洗任务未结束之前，暂时无法进行数据增强或智能标注任务。

清洗前　水果图像数据集 / V1

清洗后　查询数据集名称

▎请选择清洗方式　水果图像数据集 ›　V1

◉ 通用清洗方　V2

最多可添加3种

☐ 去近似

☐ 去模糊　+ 新建　+ 新建版本

图 3-41　新建新版本数据集

④ 选择清洗方式项，选择“通用清洗方案”选项，勾选对应的数据清洗方式，注意最多可选择 3 种清洗方式，其中旋转矫正、批量裁剪、批量旋转、批量镜像 4 种方式仅支持无标注信息数据，此处选择“去模糊”和“批量镜像”两种清洗方式，勾选对应方式前的复选框即可，同时对应清洗方式下的配置使用默认配置即可，如图 3-42 所示。配置完成后单击“提交”按钮开始执行数据清洗任务。

⑤ 提交清洗任务后，将弹出窗口提示预计耗时，单击“知道了”按钮即可关闭弹窗，如图 3-43 所示。

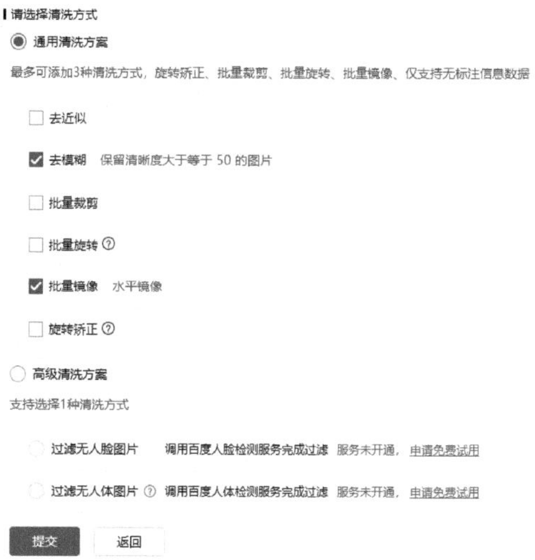

请选择清洗方式

通用清洗方案

最多可添加3种清洗方式，旋转矫正、批量裁剪、批量旋转、批量镜像、仅支持无标注信息数据

去近似

去模糊　保留清晰度大于等于 50 的图片

批量裁剪

批量旋转

批量镜像　水平镜像

旋转矫正

高级清洗方案

支持选择1种清洗方式

过滤无人脸图片　调用百度人脸检测服务完成过滤　服务未开通，申请免费试用

过滤无人体图片　调用百度人体检测服务完成过滤　服务未开通，申请免费试用

提交　返回

图 3-42　提交数据清洗任务

您的清洗任务因数据量在1000以下，预计耗时30分钟

知道了

图 3-43　预计耗时提示

⑥ 在清洗任务管理界面可看到新建的清洗任务，包括清洗类型、清洗方式、开始时间等，清洗状态显示为“清洗中”，如图 3-44 所示。

新建清洗任务

任务序号	清洗类型	清洗方式	开始时间	清洗前数据集	清洗后数据集	清洗状态	操作
	通用清洗	去模糊、批量镜像		水果图像数据集-V1	水果图像数据集-V2	清洗中	查看任务详情　终止任务

图 3-44　查看清洗任务

⑦ 等待片刻后即可完成水果图像数据的清洗任务，对应的清洗状态变为“清洗完成”，如图 3-45 所示。

任务序号	清洗类型	清洗方式	开始时间	清洗前数据集	清洗后数据集	清洗状态	操作
	通用清洗	去模糊、批量镜像		水果图像数据集-V1	水果图像数据集-V2	清洗完成	查看任务详情

图 3-45　查看清洗状态

⑧ 此时回到数据总览界面可以看到，经过清洗后的数据量变为了 20 张，与原数据相比清洗掉了 3 张图片数据，如图 3-46 所示。

水果图像数据集 数据集组ID: 新增版本 全部版本 删除

版本	数据集ID	数据量	最近导入状态	标注类型	标注模板	标注状态	清洗状态	操作
V2		20	已完成	图像分类	单图单标签	0% (0/20)	已完成	查看与标注 导入 导出 清洗 ···
V1		23	已完成	图像分类	单图单标签	0% (0/23)	已完成	查看与标注 导入 导出 清洗 ···

图 3-46 查看清洗后的数据集

步骤四：标注数据。

① 在 EasyData 数据服务界面左侧菜单栏单击“数据标注”-“在线标注”，如图 3-47 所示，即可进入在线标注界面。

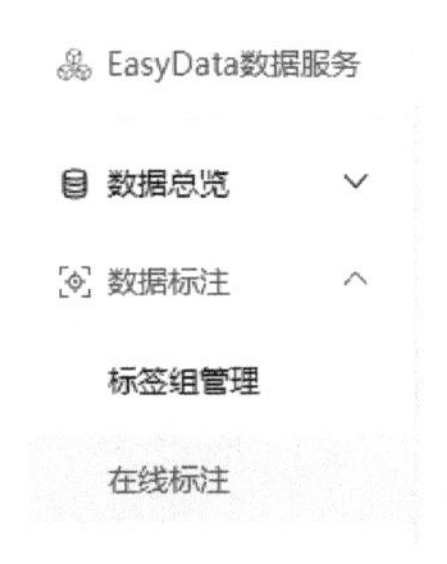

图 3-47 进入在线标注界面

② 在线标注界面的下拉框中选择“水果图像数据集”-“V2”选项，即可为清洗后的水果图像数据集进行数据标注，如图 3-48 所示。

图 3-48 选择标注数据集

③ 选择标注数据集后进入标注界面，单击如图 3-49 所示的“添加标签”按钮创建对应的标签，本次采集的水果包含草莓和莲雾果，因此只需创建两个标签即可。

图 3-49　单击“添加标签”按钮　　图 3-50　依次创建两个标签

④ 在添加标签的输入框中输入对应的标签名并单击“确定”按钮即可完成标签的创建，依次创建两个标签，如图 3-50 所示。

⑤ 标签创建完成后，右侧标签栏即可看到对应创建完成的标签，接下来根据图片中的水果类型，单击标签栏下对应的标签进行数据标注。如当前图片为莲雾果，则单击“莲雾果”标签选项完成数据标注，同时在图片右侧的标注结果可以看到当前图像的对应标签，如图 3-51 所示。

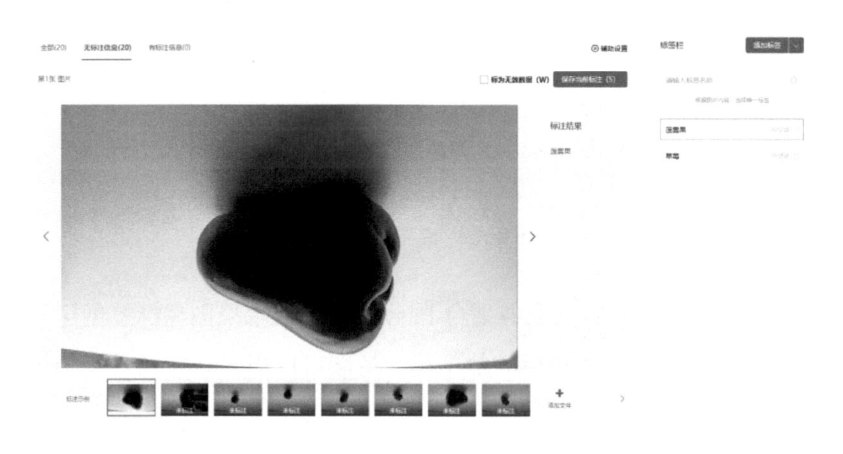

图 3-51　进行数据标注

⑥ 标注完成，单击“保存当前标注（S）”按钮即可保存当前标注信息，并自动跳转至下一张图片进行标注，同时可以在下方图像列表看到图像的标注状态，如图 3-52 所示。

⑦ 当所有图像数据全部标注完成后，回到数据总览界面即可看到标注完成的水果图像数据集，此时标注状态为 100%，如图 3-53 所示。

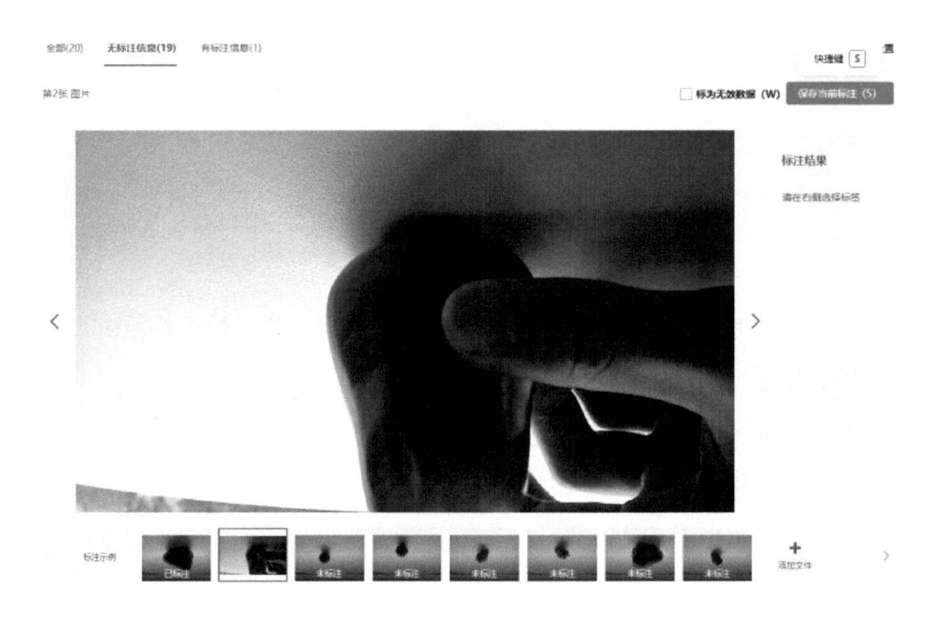

图 3-52　单击“保存当前标注（S）”按钮

水果图像数据集　数据集组ID:　　新增版本　全部版本　删除

版本	数据集ID	数据量	最近导入状态	标注类型	标注模板	标注状态	清洗状态	操作
V2		20	已完成	图像分类	单图单标签	100% (20/20)	已完成	查看与标注 导入 导出 清洗 ···
V1		23	已完成	图像分类	单图单标签	0% (0/23)	已完成	查看与标注 导入 导出 清洗 ···

图 3-53　查看标注状态

以上便是使用智能数据服务平台 EasyData 完成水果图像标签创建和数据标注的步骤，数据标注完成后的数据集，后续可以用于特定场景下的模型训练，实现特定场景下的应用。

第4章

林业人工智能应用

随着人工智能技术的发展，在林业领域也已得到应用，人工智能技术可以提高林业生产的效率和质量。通过自动化监测和预测分析，可以实现对森林资源的科学管理，提高木材的产量和质量。准确识别和处理病虫害，减少病虫害对林木的危害，提高林业的经济效益和生态效益。帮助林业从业者制订合理的林业政策和发展战略，促进林业产业的可持续发展。

【知识框架】

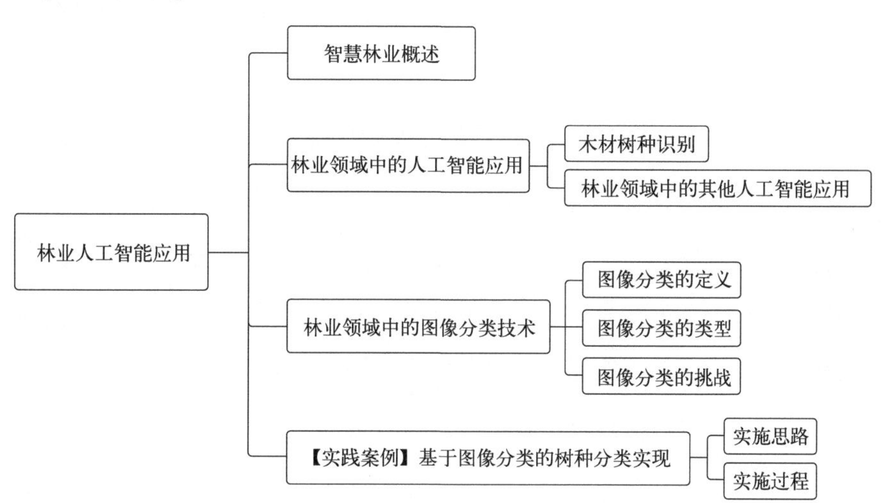

4.1 智慧林业概述

智慧林业是指利用人工智能、云计算、物联网、大数据、移动互联网等新一代信息技术，并通过智能化、感知化、物联化的手段，形成林业立体感知、管理协调高效、生态价值凸显、服务内外一体的林业发展新模式。

智慧林业是智慧地球的重要组成部分，是未来林业创新发展的必由之路，是统领未来林业工作、拓展林业技术应用、提升林业管理水平、提高林业发展质量、促进林业可持续发展的重要支撑和保障。具体分析如下：

① 智慧林业与智慧地球、美丽中国紧密相连。

② 智慧林业的核心是利用现代信息技术，建立一种智慧化发展的长效机制，实现林业高效高质发展。

③ 智慧林业的关键是通过制订统一的技术标准及管理服务规范，形成互动化、一体化、主动化的运行模式。

④ 智慧林业的目的是促进林业资源管理、生态系统构建、绿色产业发展等协同化推进，实现生态、经济、社会综合效益最大化。

智慧林业的特征体系包括基础性、应用性、本质性，如图 4-1 所示。其中基础性特征包括数字化、感知化、互联化、智能化，应用性特征包括一体化、协同化，本质性特征包括生态化、最优化，即智慧林业是基于数字化、感知化、互联化、智能化的基础之上，实现一体化、协同化、生态化、最优化。

（1）林业信息资源数字化

实现林业信息实时采集、快速传输、海量存储、智能分析、共建共享。

（2）林业资源相互感知化

利用传感设备和智能终端，使林业系统中的森林、湿地、沙地、野生动植物等林业资源相互感知，随时获取需要的数据和信息，改变以往“人为主体、林业资源为客体”的局面，实现林业客体主体化。

（3）林业信息传输互联化

互联互通是智慧林业的基本要求，建立横向贯通、纵向顺畅，遍布各个末梢的网络系统，实现信息传输快捷，交互共享便捷安全，为发挥智慧林业的功能提供高效的网络通道。

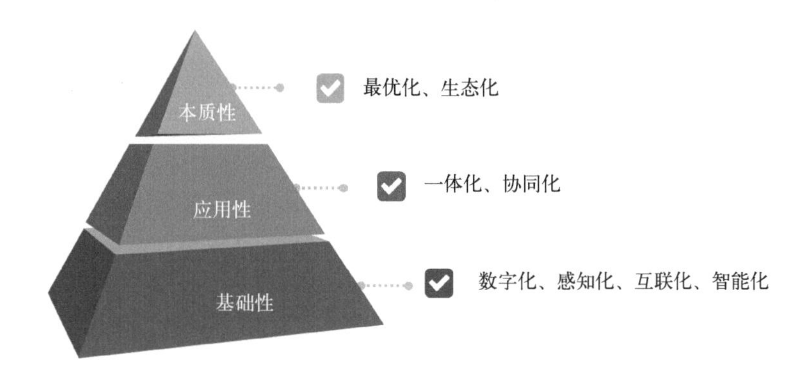

图4-1 智慧林业的特征体系

（4）林业系统管控智能化

智能化是信息社会的基本特征，也是智慧林业运营的基本要求，利用物联网、云计算、大数据等技术，实现快捷、精准的信息采集、计算、处理等。应用系统管控方面，利用各种传感设备、智能终端、自动化装备等实现管理服务的智能化。

（5）林业体系运转一体化

一体化是智慧林业建设发展中最重要的体现，要实现信息系统的整合，将林业信息化与生态化、产业化、城镇化融为一体，使智慧林业成为一个更多的功能性生态圈。

（6）林业管理服务协同化

信息共享、业务协同是林业智慧化发展的重要特征，就是要使林业规划、管理、服务等各功能单位之间，在林权管理、林业灾害监管、林业产业振兴、移动办公和林业工程监督等林业政务工作的各环节实现业务协同，以及政府、企业、居民等各主体之间更加协同，在协同中实现现代林业的和谐发展。

（7）林业创新发展生态化

生态化是智慧林业的本质性特征，就是利用先进的理念和技术，进一步丰富林业自然资源、开发完善林业生态系统、科学构建林业生态文明，并融入整个社会发展的生态文明体系之中，保持林业生态系统持续发展强大。

（8）林业综合效益最优化

通过智慧林业建设，形成生态优先、产业绿色、文明显著的智慧林业体系，进一步做到投入更低、效益更好，展示综合效益最优化的特征。

4.2　林业领域中的人工智能应用

林业领域中的人工智能应用，通过部署传感器、控制器、监测站、智能机器人、无人机等，利用智能芯片、机器人、自然语言处理、语音识别、图像识别等技术和高速的数据处理能力，监控、分析、处理、过滤大量实时数据，在木材树种识别领域、林草火灾防治领域、林业有害生物防治领域、林业种苗培育领域，实现智能监测、智能预警、智能防控和智能调度。

木材树种识别

4.2.1　木材树种识别

木材识别主要是以木材构造特征为依据，对木材的树种进行识别。树种不同，木材的构造就不一样，材质有差异，因而用途也就不同。

（1）木材树种传统识别方法

传统的木材识别方法是建立在木材解剖学基础上，通过木材宏观和微观构造特征进行树种分类，如图4-2所示。一般只能识别木材到“属”或者“类”，需要熟练的木材识别工人来完成，越是重要

宏观

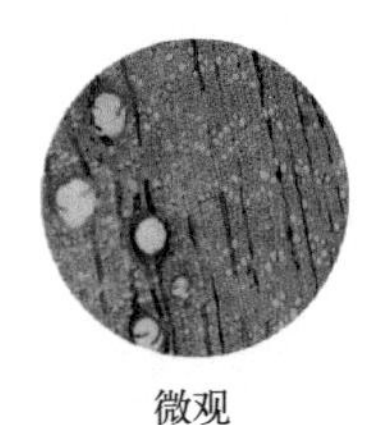

微观

图4-2　木材特征

的场景，对木材识别工人的要求就越高。

传统的木材识别工人，按读木经验可以分为初级、中级和高级三种类别。初级读木工能够识别部分常见的木材，比如常用于制作家具的红木、玫瑰木、柚木等，如图 4-3 所示；中级读木工能够明确木材的种类，明确区分极为相似但树种不同的木材，比如区分同一科下不同属的树木；高级读木工在区分木材种类的同时，能够较为精准地判断树木的栽种年份，判断树木生长环境，估算出环境对木质产生的影响，这一阶段的任务需要大量的实践经验来支撑。

图 4-3　常见木材种类

这种传统的木材识别方法主要靠人工经验和知识，主要通过观察、比较和分析逐步鉴定识别木材。所以，木材识别的准确性完全依赖于识别人所掌握的木材树种知识，对一些不熟悉的、稀少珍贵树种很容易出现不能识别或误判的情况。

与此同时还有基于分子生物学的 DNA 条形码以及基于组织化学的近红外光谱、气相色谱 - 质谱、实时直接分析质谱等方法，虽然为木材树种的识别提供了新的途径，但构建完善可靠的木材识别特征，如 DNA 序列、化学指纹图谱等数据库需要花费大量的人力财力，且难以在进出口现场进行大批量样本的快速识别应用推广，从而限制了以上木材识别方法的进一步发展。

（2）木材树种计算机视觉识别方法

近年来，计算机视觉技术在木材识别领域逐渐发展应用，为木材树种的准确快速识别提供了新的途径。与传统的人工识别方法相比，计算机视觉识别方法主要针对木材构造图像数据进行特征识别。与其他识别特征相比，木材构造图像特征更加容易采集得到，因此在构建木材构造图像数据库时更加省时省力，为木材树种的精准快速识别提供了可能。

传统木材树种计算机视觉识别方法，通过采集木材的宏观或微观构造图像，采用数字图像处理技术，提取木材识别特征，进而采用分类器对木材树种进行分类，其工作流程如图 4-4 所示。

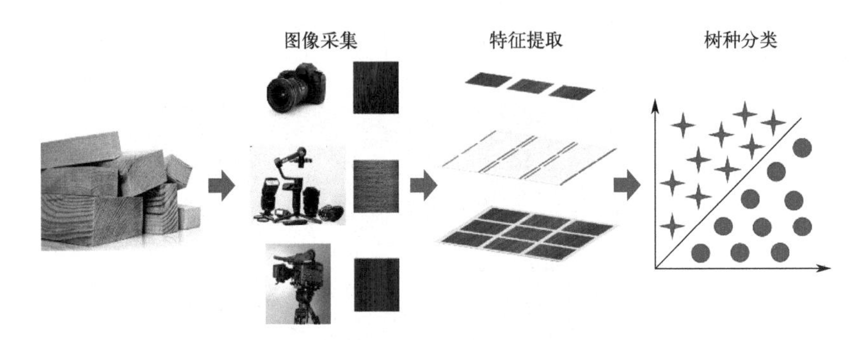

图 4-4　传统木材树种计算机视觉识别工作流程

传统木材树种计算机视觉识别方法按照识别对象主要分为基于宏观特征图像和微观特征图像的木材识别。基于宏观特征图像的木材识别，主要通过数码相机、工业相机和扫描仪等图像采集装置，获取木材的颜色和纹理等物理特征，接着提取图像中的 RGB 颜色空间、颜色直方图和颜色矩等特征参数作为识别特征，最后从木材构造图像中提取出有效的识别特征，输入到合适的分类器中实现对木材树种的分类；基于微观特征图像的木材识别，利用实体显微镜、生物显微镜以及扫描电子显微镜采集木材三切面的微观构造图像，提取出木材的管孔、轴向薄壁组织和木射线等微观构造特征，再将木材的识别特征输入分类器中进行树种的分类。

最新发展的基于深度学习的木材树种计算机视觉识别方法建立在大量的数据集基础上，通过构建深度卷积神经网络对木材图像数据进行训练学习，自动地提取木材图像中的识别特征，从而实现对木材树种的快速分类。进而基于图像采集硬件以及算法软件构建木材树种识别系统，应用于木材树种现场快速检测领域，其工作流程如图 4-5 所示。

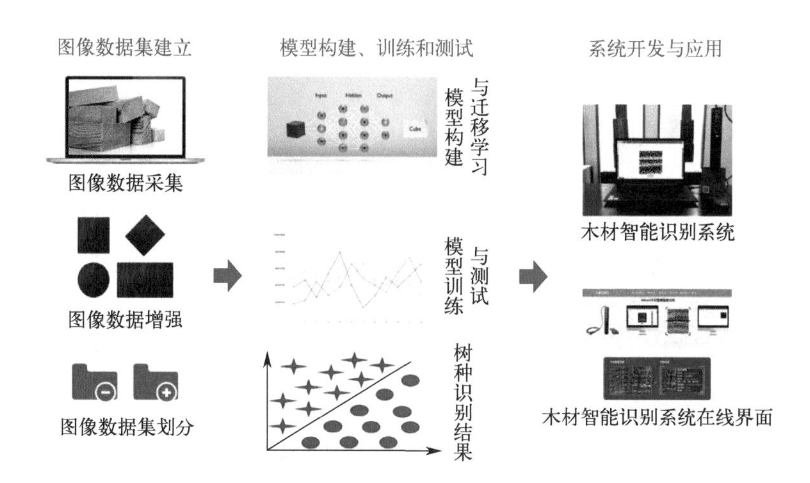

图 4-5 基于深度学习的木材树种计算机视觉识别工作流程

基于深度学习的计算机视觉识别技术，本质上是将传统计算机视觉识别中的特征提取和分类器融合到深层的卷积神经网络中。同时，木材构造图像是一种细粒度图像，具有种内变异大、种间差异小的特点，相比普通的图像分类任务，木材构造图像分类难度更大。因此，在深度学习模型进行训练时，通常先采用迁移学习方法对模型进行预训练，再对模型的网络参数进行微调，进而用于木材构造图像分类任务中。

深度学习模型可以自动提取木材图像识别特征并进行快速分类，对于木材树种分类而言，不同树种之间存在的精细构造特征差异，是木材树种进行分类的科学基础。因此，对深度学习模型自动提取的特征进行可视化分析，通过图像特征可视化挖掘木材树种之间存在的精细构造特征差异，对于木材分类研究具有重要的科学意义。同时由于深度学习的木材树种计算机视觉识别技术具有识别准确率高、速度快的特点，在木材树种现场识别领域具有潜在的应用价值。因此。结合软硬件并基于木材树种计算机视觉识别技术，实现林业场景下的系统开发与应用成为智慧林业发展的主流趋势。

综上所述，基于人工智能的木材树种计算机视觉识别方法，克服了传统识别方法中人的主观因素带来的缺点，具有客观、准确、高效的特点，同时复用高级读木工的经验知识，有效降低从业人员的经验门槛，是当下木材识别相关领域的重要发展趋势。

4.2.2 林业领域中的其他人工智能应用

林业中的人工智能应用不只在木材树种识别领域，还可以应用在林草火灾防治领域、林草有害生物防治领域、林业种苗培育领域和草原生态修复领域，如图 4-6 所示。

林业领域中的其他人工智能应用

图 4-6 林业人工智能应用

（1）林草火灾防治

利用卫星监测、无人机巡护、智能视频监控、热成像智能识别等技术手段，加强林草火情监测。应用通信和信息指挥平台，提高森林草原火险预测预报、火情监测、应急通信、辅助决策、灾后评估等综合指挥调度能力和业务水平。

（2）林草有害生物防治

应用视频监控、物联网监测等技术，通过林草有害生物智能图片识别，结合地面巡查数据，加强数据挖掘分析，提高林草有害生物预警预报与综合防控能力。

（3）林业种苗培育

将物联网、移动互联网、云计算、人工智能与传统种苗生产相结合，广泛应用于精品苗木研发、种植、培育、管理和在线销售的各个环节，实现苗木智慧化种植、智能机器人管理、大数据评估和合理化采购等功能，加强林草种质资源监测与保护。

（4）草原生态修复

基于草原监测信息，以及草原生态修复技术成果等资料，建立草原大数据，开发草原生态修复专家支持系统，自动生成“草原生态修复处方图”。研发种草改良方面的无人机、无人驾驶机械等技术产品，实现自主精确播种改良，提高草原生态修复效果。

4.3　林业领域中的图像分类技术

林业领域中的图像分类技术

在木材树种识别、林草火灾防治、林草有害生物防治、林业种苗培育场景中，均使用计算机视觉技术来实现不同场景的应用，比如在木材树种识别场景中，首先对木材进行图像数据的采集，接着通过图像分类技术，对图像中的木种进行识别。

4.3.1　图像分类的定义

图像分类指的是根据图像的语义信息，将不同类别图像区分开来，能够识别某张图像属于哪个类别。具体来说，图像分类的任务是对输入的图像进行分析，并返回其类别标签，其中标签按自已预先定义好的候选类别集合，如图 4-7 所示。图像分类是计算机视觉中的核心问题，也是物体检测、图像分割、行为分析等其他高层视觉任务的基础。

4.3.2　图像分类的类型

图像分类问题可以分为单标签分类和多标签分类。单标签图像分类指的是单张图像只属于一个类别，多标签图像分类指的是同一张图像可能包含多个类别，类别之间往往存在一定交叉，如图 4-8 所示。

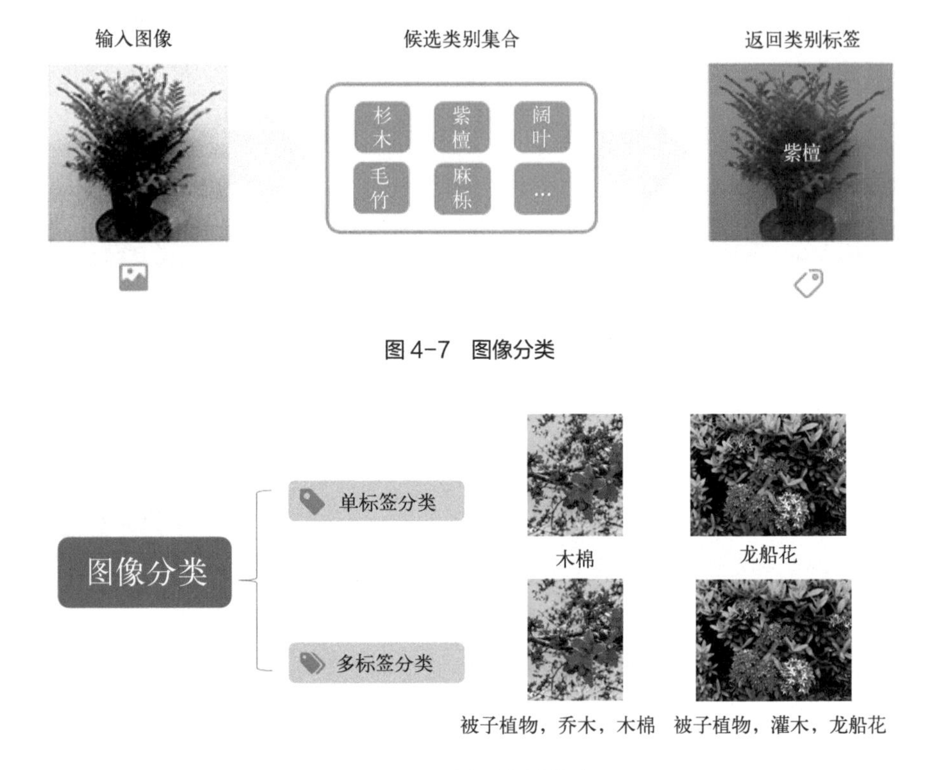

图 4-7 图像分类

图 4-8 图像分类的类别

对于单标签分类问题来说，它可以分为跨物种语义级别图像分类、子类细粒度图像分类及实例级图像分类三大类别。

（1）跨物种语义级别图像分类

指的是在不同物种的层次上识别不同类别的对象，如竹子与藤本的分类等，如图 4-9 所示。

（2）子类细粒度图像分类

指的是同一个大类中的子类分类，如不同鸟类、不同犬类、不同树种的分类等，如图 4-10 所示。

图 4-9　竹子与藤本分类

图 4-10　树种分类

(3)实例级图像分类

用于区分不同的个体，而不仅仅是物种类或者子类，其中最典型的任务就是人脸识别，如图 4-11 所示，通过鉴定一个个体的身份，从而完成智能人脸考勤、智能人脸过闸等任务。

图像分类的算法模型有很多，如 VGG、ResNet 等。尽管这些算法的设计方法存在差异，但是大体都包括两大模块，特征提取器和分类器，如图 4-12

所示。特征提取器用于从图像中提取具有代表性的图像特征，如颜色特征、纹理特征等；而分类器则根据特征提取器所获得的特征完成图像分类任务。

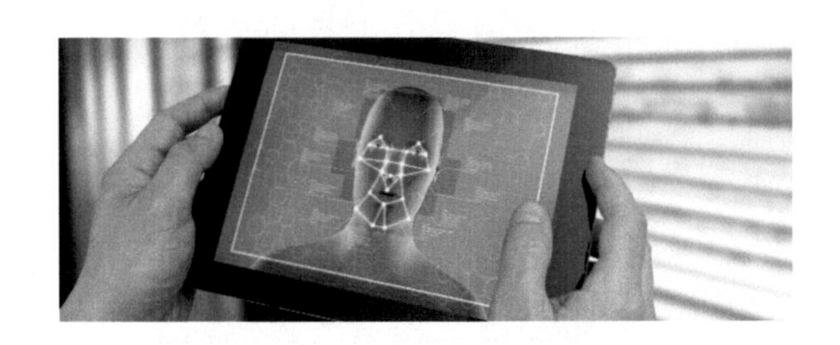

图 4-11 人脸识别

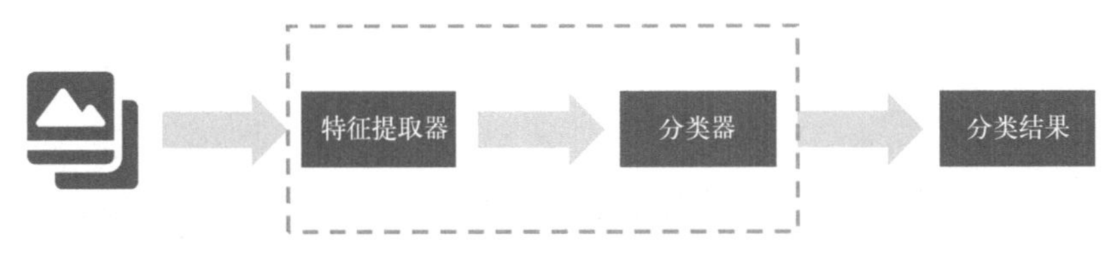

图 4-12 图像分类的实现

对于多标签图像分类问题，通常有两种解决方案，一个是将其转换为多个单标签问题，另一个是直接联合研究。前者可以训练多个分类器，后者直接训练一个多标签分类器。

4.3.3 图像分类的挑战

尽管到目前为止，人工智能的计算机视觉技术在图像分类任务上已经取得了巨大的成功，但其在进一步广泛应用之前，仍然有很多的挑战需要研究者们去面对和克服。这些难点主要包含类内变化、尺度变化、视点变化、图像遮挡、照明差异等。

① 类内变化指的是同一类物体之间可能存在差异。在树木的生长过程中，同一品种的树木会有不同的外观，如木棉、松树等，它们的颜色、形状、大小各异。如图 4-13 所示，虽然同为木棉，但是开花时花朵的颜色却不相同，有黄色、橙红色、红色等。

图 4-13　类内变化

② 尺度变化指的是物体的大小可能会因为距离或者其他因素而发生变化。如图 4-14 所示，在智能害虫识别中，害虫的大小不一，也会使得模型难以准确识别。

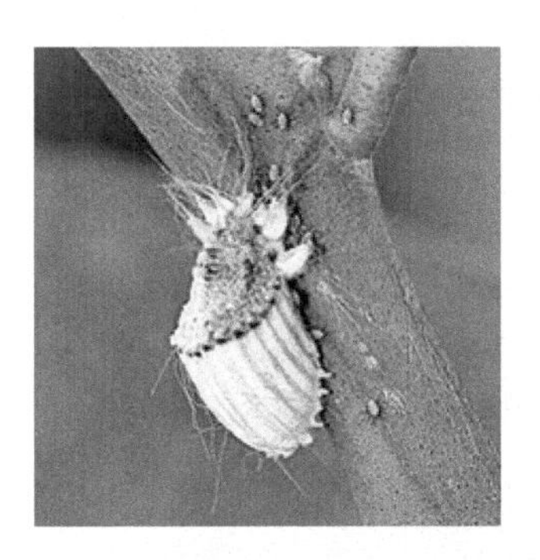 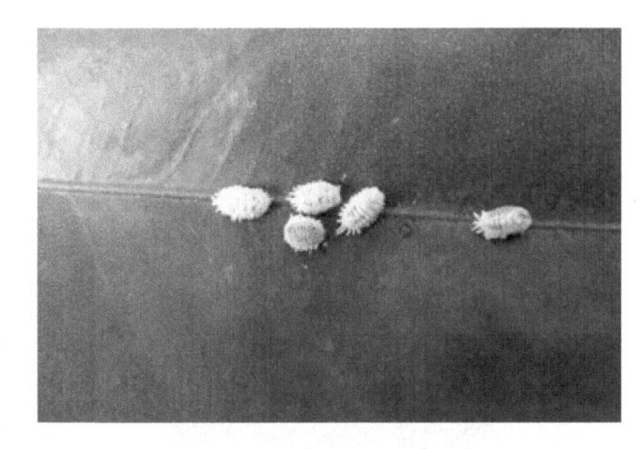

图 4-14　尺度变化

③ 视点变化指的是不同的视角可能导致物体在图像中的表现形式有所不同。如图 4-15 所示，由于视角的不同，杨桃有时会看起来像五角星，与寻常看到的大不相同，但是两者实际上是同一种物体。

图 4-15　视点变化

④ 图像遮挡指的是物体可能被其他物体遮挡，导致图像中只能看到部分物体，如图 4-16 所示。在实际场景中，若目标被遮挡，机器不一定能够较好地识别。

⑤ 照明差异指的是光线的亮度和方向会影响图像中物体的外观。例如在白天或者黑夜，室内或者室外，都存在不同等级的识别难度，如图 4-17 所示。

图 4-16 图像遮挡

图 4-17 照明差异

这些难点都可能导致图像分类模型在实际应用中难以准确识别，因此需要考虑各种因素的影响，并采取相应的方法来提高图像分类的准确性和稳定性。

基于图像分类的树种分类实现

4.4 【实践案例】基于图像分类的树种分类实现

4.4.1 实施思路

当前已经介绍了智慧林业及林业领域中的人工智能应用和图像分类技术

的相关知识，接下来将通过“基于图像分类的树种分类实现”案例，运用植物识别 API 接口调用的方式，将树木的图像发送到接口，实现对树木图像的品种识别。本案例使用的图像数据为一张紫檀木图像，调用的植物识别 API 接口能够识别超过 2 万种常见的植物和近 8000 种花卉，该接口能返回植物的名称，并支持获取识别结果对应的百科信息。

案例实现思路如下：

（1）获取 API 链接

通过人工智能交互式在线学习及教学管理系统，获取植物识别 API 调用的链接，用于发送请求时使用。

（2）调用植物识别 API

编写 Python 代码，将待预测的树木图像数据发送到植物识别 API 接口识别，并获取返回的识别结果。

（3）识别结果分析

编写 Python 代码，提取树木图像的识别结果，包括识别的植物名称和置信度，并将其格式化并输出。

4.4.2 实施过程

步骤一：获取 API 链接。

① 登录人工智能交互式在线学习及教学管理系统，进入“林业人工智能应用”学习任务，单击“开始实验”按钮。

② 在控制台界面选择“人工智能 API 库”选项，单击“启动”按钮，如图 4-18 所示。

③ 在“人工智能 API 库”标签页的搜索框中输入“植物识别”并按回车键，即可检索出植物识别的 API 应用及其相关功能描述，接着在操作一栏下单击“复制”按钮，复制植物识别的 API 链接，如图 4-19 所示。

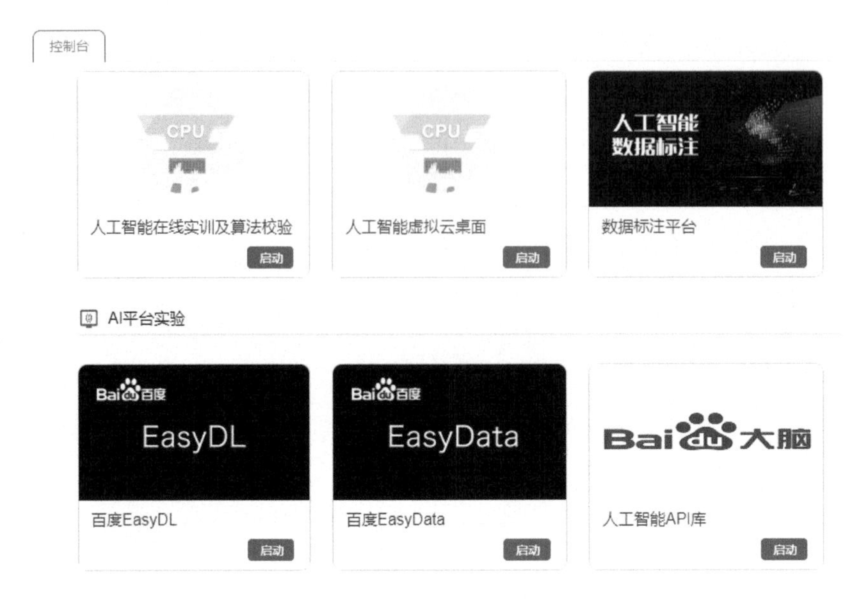

图 4-18 选择“人工智能 API 库”

图 4-19 复制植物识别 API 链接

④ 获取到植物识别的 API 链接之后，返回控制台界面，选择“人工智能在线实训及算法校验”环境，单击“启动”按钮。

⑤ 进入实训环境后，可以看到其中存放着本案例所需识别的树木图像数据，如图 4-20 所示。该图像为紫檀树木图像，后续将其发送到植物识别的 API 接口中进行识别及可视化。

⑥ 单击实训环境界面右侧的“New” - “Python 3”选项，创建 Jupyter Notebook。

⑦ Jupyter Notebook 创建完成后，即可在代码编辑块中输入代码。如果需要增加代码块，可以单击功能区的“+”按钮，如果要运行该代码块，可

以按下键盘的“Shift+Enter”快捷键。

图 4-20　紫檀树木图像

步骤二：调用植物识别 API。

接下来进行树种分类的代码编写，调用植物识别 API，将树木图像数据发送到接口中进行识别，获取树木图像的识别结果。

① 首先导入本次案例所需的实验库，包括发送网络请求的 requests 库、图像编码的 base64 库以及 unicode 编码库 quote，代码如下。

```
# 导入所需库
import requests  # 发送请求
import base64  # 图像编码
from urllib.parse import quote # unicode 编码
```

② 在步骤一中已经获取本次案例所需的植物识别 API 请求链接，接下来将其赋值给 request_url 变量，同时按照官方文档，设置请求消息头为 application/x-www-form-urlencoded 格式，代码如下。

```
# 定义植物识别 API 请求链接
request_url = '输入在任务 1 中复制的 API 链接'
```

```
# 设置消息请求头
headers = {'content-type':'application/x-www-form-urlencoded'}
```

③ 接着设置请求体，首先读取待预测的树木图像，并通过 base64 中的 b64encode() 函数对读取的图像数据进行编码，最后将其封装到 p 变量中，代码如下。

```
# 二进制方式打开图片文件
f = open('./data/test1.jpg', 'rb')

# base64 编码
img = base64.b64encode(f.read())
img = quote(img)

# 封装请求体
p = {"image":img}
```

④ 请求头、请求体等数据定义完成后，接下来就可以通过调用 requests 的 post() 函数向“植物识别”API 接口发送图像数据，并输出返回结果，代码如下。

```
# 发送请求
response = requests.post(request_url, data=p, headers=headers)

# 打印结果
if response:
    print (response.json())
```

以上代码即可实现将树木图像数据发送到植物识别 API 接口，并获取返回的识别结果，识别结果中包含问题定位的 log_id 和植物识别结果数组 result，识别结果的数组中包括植物的名称 name 和识别的置信度 score。

步骤三：识别结果分析。

① 获取到识别结果后，接下来提取返回的响应数据，将识别结果数据提

取到 result 变量中，代码如下。

```
# 提取识别结果
result = response.json()['result']
```

② 提取完识别结果后，接着依次遍历识别结果中的数据，将每个识别结果中的名称和置信度提取出来，并依次进行格式化输出，使得可读性更强，代码如下。

```
# 遍历结果
for i in range(len(result)):
    # 识别名称
    name = result[i]['name']
    # 置信度
    score = result[i]['score']
    # 输出结果
    print(f'识别结果 {i+1} 为：{name}  置信度为：{score}')
```

程序运行的示例输出结果如下，可知该图像的识别结果准确，且置信度较高。

```
识别结果 1 为：紫檀  置信度为：0.9827282
识别结果 2 为：小果柿  置信度为：0.37942997
识别结果 3 为：黑檀  置信度为：0.093529
```

第5章

畜牧业人工智能应用

人工智能在畜牧业的应用可以提高生产效率、降低成本、改善畜禽生活质量，还可以实现精准饲喂、疫病监测、环境调控等智能化管理，从而提高畜禽产品质量和养殖效益。同时，智能畜禽养殖也有助于实现农业的可持续发展，通过减少环境污染、提高资源利用效率，为农业生态文明的构建作出积极贡献。

【知识框架】

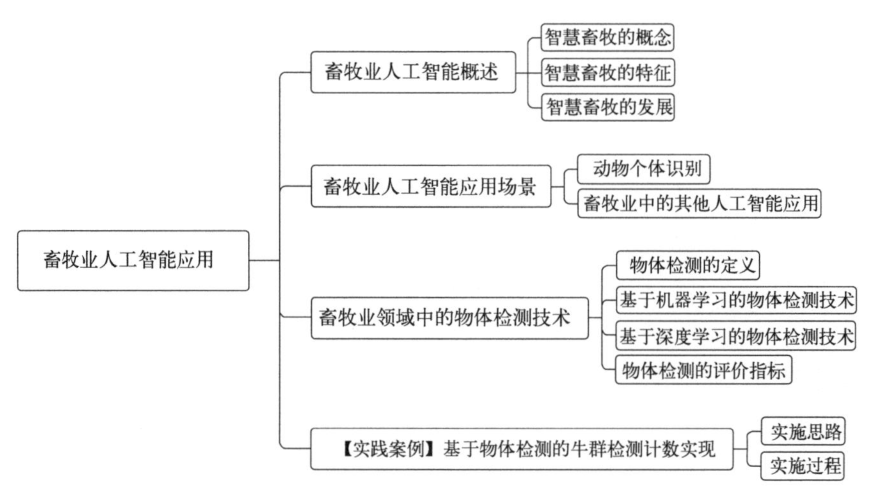

5.1　畜牧业人工智能概述

畜牧业人工智能是指将人工智能技术应用于畜牧业生产中，以提高畜牧业生产效率和质量，以下通过智慧畜牧的概念、特征、发展三个方面来阐述畜牧业人工智能的相关知识。

5.1.1　智慧畜牧的概念

智慧畜牧是指利用传感技术、物联网技术、通信技术、云计算、大数据、人工智能等现代信息技术，对畜牧生产全过程实时监控、动态管理和精细化调控，实现畜牧业高效、绿色、安全、可持续发展。

智慧畜牧的出现极大改善了养殖方式，通过控制养殖环境、饲料和药物的精准控制、疾病预防等智能化场景的应用，畜牧业的生产力得到较大的提升，同时也解决了畜牧业从业人员不足的现状。

智慧畜牧在环保方面也有着重大意义。通过对饲养的精确控制、智能检测与预警、废弃物资源化等一体式的协调发展，减少废弃物和污染物的排放，实现废物再利用，促进循环经济和资源节约。如图 5-1 所示，为畜牧业生态循环模式之一，可实现畜禽粪污源头减量化、处理无害化、利用资源化。

图 5-1　畜禽粪污资源化利用

5.1.2 智慧畜牧的特征

智慧畜牧的特征主要包括数字化、信息化、智能化。数字化是智慧畜牧的基础，其涉及数据的采集、处理、传输等环节；信息化则是智慧畜牧的重要组成部分，在数字化的基础之上，通过信息技术，实现畜禽的饲养环境、饲养方式、饲养配方等方面的科学管理；智能化是智慧畜牧的高级形态，通过人工智能技术，实现自动化管理，并不断学习、优化和调整饲养策略，来提高生产效率和质量。

（1）数字化

通过各种传感器和监测设备，对畜禽的生长发育、食物摄取、体温变化、运动状态等多个方面进行实时监测和记录，并将这些数据上传到云端的数据库中，形成全面、准确的畜禽数据资料库。在日常管理中，可以通过数据来了解畜禽的生长状况、疾病情况、饲养效果等。数字化还涉及畜禽产品的溯源管理，如图 5-2 所示，可以通过溯源查询到其品种、出生日期、生长环境、食品安全检测等信息。

图 5-2 畜禽产品溯源管理流程

(2)信息化

利用物联网技术，将各种传感器、监测设备联网，在互联网上实现数据的实时传输和监测，即通过手机、平板电脑等移动设备实时查看数据，与畜禽专家或其他管理者沟通、协作，实现信息共享，提高数据的精度和准确性，如图 5-3 所示。

图 5-3　智能畜牧终端管理系统

(3)智能化

通过人工智能算法，对畜禽的数据进行分析和处理，帮助管理者预测畜禽疾病、评估饲养效果等；利用自动设备实现自动喂养、清洁、通风等操作，降低人工成本、提高生产效率；利用智能监测设备，实现对畜禽的行为、健康状况等方面的实时监测和分析，及时发现问题并处理。如图 5-4 所示，智能养殖监控平台通过预测模型和实时的数据监测，可以对养殖环境进行精准调控，从而提升畜禽的生长与生产效率，它主要由传感器、云计算、移动终端和后台分析系统组成。

5.1.3　智慧畜牧的发展

目前我国的畜牧业发展与发达国家还有较大差距，主要体现在信息化能力和智能化技术方面。近年来我国相继出台《国务院办公厅关于促进畜牧业高质量发展的意见》《中共中央 国务院关于实施乡村振兴战略的意见》《数字农业农村发展规划（2019—2025年）》等政策，明确提出畜牧业生产经营数字化、智能化的发展方向。

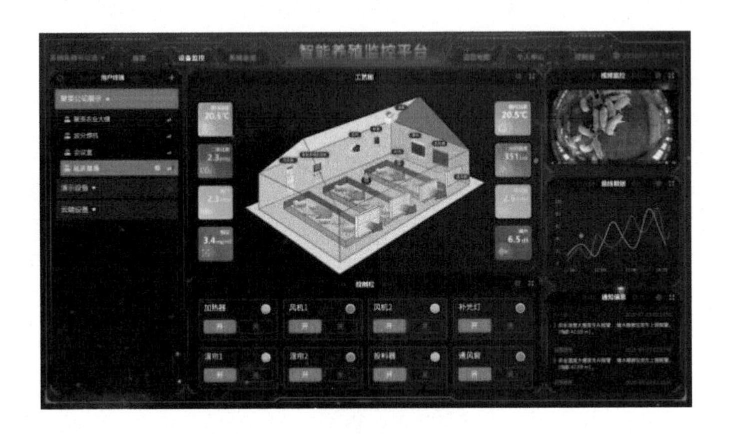

图5-4 智能养殖监控平台

建设智慧畜牧业需要物联网、大数据、云计算、人工智能和区块链等核心关键技术的支撑，打造养殖、流通、消费为一体的全产业链模式，促使传统畜牧业向着智慧畜牧业的方向转型。

5.2 畜牧业人工智能应用场景

畜牧业人工智能应用场景

畜牧业的人工智能应用通过部署传感器，利用物联网、大数据、云计算、人工智能等技术对畜禽的养殖环境、生长过程、饲喂量等信息进行实时监测和分析，给管理者提供决策。在动物个体识别、动物行为识别、动物疾病诊断等方面，实现对畜禽科学管理、准确监测、智能诊断。

5.2.1 动物个体识别

动物个体识别主要以动物之间的个体外观差异（如体形、纹理等）或生物特征（如脸、眼等特征）对不同个体做区分。对于不同的动物，其个体之间的外观差异也不同，生物特征也不相同。由于畜牧场的动物数量多，动物个体识别技术能准确地识别和区分动物个体，以便进行个体管理。

（1）背景

改革开放以来，我国畜牧业一直在稳步发展。特别是近年随着强农惠农政策实施，呈现出加快发展的势头，逐渐向现代化的畜牧产业发展。畜牧业的生产规模还在不断扩大，畜禽产品总量将大幅增加，畜禽产品的质量不断提高。

畜牧产业要想高质量发展就必须摆脱传统的低投入、低产出的养殖方式，动物个体识别技术能够对养殖场里的每一只畜禽精准养殖，提高饲料转化率，构建畜禽的信息管理数据库，为畜牧产品的溯源提供支持。因此推广动物个体识别技术的应用，对保障国家食品安全、构建动物信息数据库具有现实意义。动物个体识别技术还可以为我国管理濒危保护动物的信息提供便利。

（2）传统的动物个体识别方法

传统的动物个体识别是利用人为制造的或者动物自身的外观差异，来区分每个动物个体的。一般人为制造外观差异的方法主要有截耳法、身体数字辅助标记法、耳标法。随着需要标记的个体数量的增加，人为制造的外观差异读取方法也就越复杂，需要的人力成本也越高。

截耳法又称剪耳法，使用特制的耳号钳，在家畜（牛、猪等）的左、右两耳边缘打上缺口，每剪一个耳缺代表一个数字，把两个耳朵上所有的数字相加，即得出所要的编号，如图 5-5 所示。这种方法不适合大量养殖的畜禽编号，容易出现耳号重复的情况，并且在截耳时会造成动物的应激反应。

身体数字辅助标记法是人工使用刺青的方式给动物的身体绣上数字，来区分动物个体的，如图 5-6 所示。这个标号方法极易识别，能够直观地区分动物个体。但是烙印成本较高、效率很低。

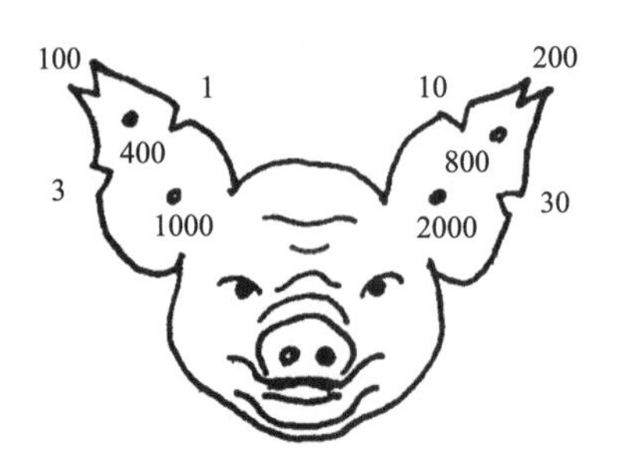

图 5-5　截耳法

耳标法是在动物的耳朵上固定一个标签，如图 5-7 所示。我国的耳标主要是二维码耳标和 RFID 电子耳标，这两种方法比较相似，都是将动物信息存储在耳标上。这两种是目前比较常用的方法，他们能够快速采集动物的信息，并且对动物的养殖过程进行溯源管理，通过这个标签能够知道动物的品种、来源、生产性能、免疫状况、健康状况等信息。不过耳标会造成动物的应激反应，同时 RFID 电子耳标读取容易受频率范围的影响，还容易被动物蹭掉。

图 5-6　身体数字辅助标记法

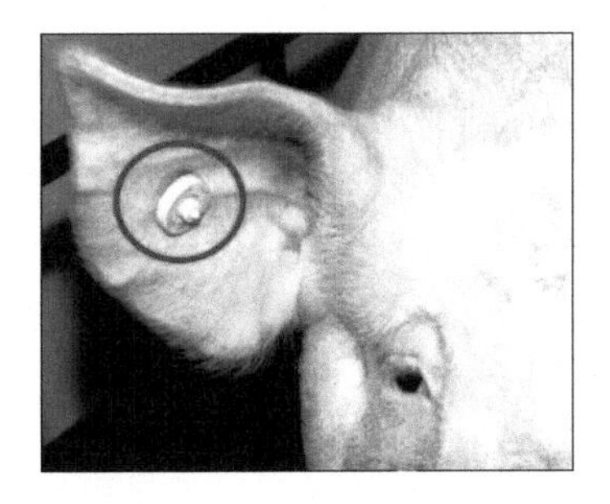

图 5-7　耳标法

（3）动物个体识别的计算机视觉识别方法

随着人工智能技术的不断发展，计算机视觉技术在动物识别领域逐渐发展应用，由于人脸识别的应用在人类社会已经相当成熟，理论上可以将人脸识别的技术迁移到动物的个体识别领域，为快速识别动物个体提供了新途径。与传统的动物个体识别方法相比，计算机视觉识别方法主要针对动物的脸部特征进行识别，如图 5-8 所示。与其他识别特征相比，动物脸部特征更容易采集和区分，因此在构建动物身份识别数据库时更加省时省力。

图 5-8　猪脸识别

深度学习模型可以自动提取动物脸部特征并进行快速识别，不同个体之间存在的脸部五官的比例特征差异，是通过动物脸部进行个体识别的科学基础。因此，对深度学习模型自动提取的特征进行可视化分析，通过图像特征可视化可以更好地理解动物脸部差异。由于深度学习的动物脸部计算机视觉识别技术具有识别准确率高、速度快的特点，在畜牧业的现场管理识别领域具有潜在的应用价值。

综上所述，基于人工智能的动物个体识别计算机视觉识别方法，避免了传统识别方法中与动物接触而导致的动物应激反应，具有更高的准确性和效率，同时搭建动物个体信息平台，能对动物个体精准管理，提高养殖效率。

5.2.2　畜牧业中的其他人工智能应用

畜牧业的人工智能应用不只是在动物的个体识别领域，还在行为识别、疾病预防等方面有具体应用。

（1）动物行为识别

动物行为分析是研究动物高级神经中枢功能的一项重要技术手段，动物的行为及其规律综合反映了其心理和生理状况，在实验动物学领域得到了广泛研究。智能动物行为识别主要利用摄像机、传感器等设备对目标动物的行为进行监测和采集，以获取大量的训练样本；再针对不同的动物行为选取合适的特征提取方法，利用深度学习算法对特征进行训练，并不断调整模型参数以提高模型的准确性；最后将训练好的模型应用于实际场景，对新的动物图像或视频数据进行处理和分析，得出相应的行为预测结果，大大提高了记录和分析的效率和准确性。

（2）动物疾病预防

人工智能在动物疾病预防方面的应用主要体现在实时健康监测、疾病诊断和预测防控等方面。

① 实时健康监测：通过安装在动物身上的传感器，可以实时收集动物的生理参数，如体温、心率、呼吸频率等。人工智能算法可以分析这些数据，发现异常变化，及时预警可能出现的健康问题。此外，通过分析动物的行为模式，如食欲减退、行动迟缓等，也可以早期发现动物的疾病。

② 疾病诊断：人工智能可以通过机器学习算法，学习和理解动物疾病的症状和特征，帮助兽医更准确地诊断动物疾病。例如，通过图像识别技术，AI 可以识别出动物皮肤上的疾病特征，或者通过深度学习，AI 可以从 X 光或 MRI 图像中识别出疾病的特征性标志。

③ 预测防控：人工智能可以通过分析历史数据，预测动物疾病的暴发和传播趋势，帮助农场主和兽医提前采取防控措施。例如，通过对气候、季节、动物种群密度等因素的分析，AI 可以预测某种疾病在特定时间和地点暴发的可能性。

5.3　畜牧业领域中的物体检测技术

畜牧业领域中的物体检测技术（上）

物体检测与识别是计算机视觉技术的核心应用之一，其目的是在图像或视频中自动检测出物体的位置及类别，涉及计算机视觉、机器学习、深度学习、目标跟踪等多个领域，具有广泛的应用前景。

5.3.1 物体检测定义

物体检测指的是在一张静态图片或者一段视频中，对其中的物体进行识别和定位，并且区分不同的物体。与物体识别任务相比，物体检测任务不仅需要确定物体的种类（即分类），还需要确定物体的位置（即定位），如图 5-9 所示。因此，物体检测任务通常被认为是一个更具挑战性的任务。

图 5-9 物体检测

5.3.2 基于机器学习的物体检测技术

基于机器学习的物体检测技术是利用计算机视觉中的机器学习算法，对图像或视频中的物体进行定位和识别的一种方法。检测的流程通常包括：数据准备、特征提取、模型训练、新数据分类以及检测结果评估。

① 数据准备：首先需要收集和标注一些物体的图像数据，并将其划分为训练集和测试集，用于训练和评估。

② 特征提取：在训练集上使用特征提取算法，从数据中提取有用的特征和属性，如颜色、形状、纹理等。常用的特征提取算法有方向梯度直方图（histogram of oriented gradient，HOG）、尺度不变特征转换（scale invariant feature transform ，SIFT）等。

③ 模型训练：在得到向量特征后，可以使用监督学习算法（Adaboost 分

类器、SVM 分类器）对模型进行训练。

④ 新数据分类：当模型训练完成后，可以对新的未知图像进行分类。在分类时，将待检测图像划分成多个子区域，采用滑动窗口技术将每个区域输入模型中，获取每个区域的分类结果。最后，根据分类结果和位置信息确定目标物体的位置和大小。

⑤ 检测结果评估：通过比较检测结果和真实标记进行评估，如计算精确率、召回率等指标。

5.3.3 基于深度学习的物体检测技术

畜牧业领域中的物体检测技术（下）

基于深度学习的物体检测技术是目前最先进、最有效的一种物体检测方法，通过卷积神经网络等深度学习模型提取图像特征，对目标物体进行分类和定位，检测的流程如图 5-10 所示。与传统机器学习相比，深度学习模型准确性更高、速度更快，但需要更多的数据和计算资源支持。

图 5-10 基于深度学习的物体检测流程

① 数据准备：与传统机器学习相同，需要收集和标注一些物体的图像数据，并将其分为训练集和测试集。

② 模型选择：在深度学习领域，常用的物体检测的神经网络模型包括 Faster R-CNN、SSD、YOLO 等。根据不同的应用场景和需求，选择适合的模型进一步操作。

③ 模型训练：对于选定的物体检测模型，通过使用训练集中的图片和标注框来训练模型参数。通常需要配合 GPU 加速计算以提高训练效率。

④ 模型优化：训练完成后，可以通过 Fine-tuning、更改超参数、数据增强等方式来进一步提升模型性能。

⑤ 对新数据进行检测：训练好的模型可以用来对新的待检测图像进行分

类和定位。这里的流程通常是输入图像，然后利用特定的算法（如滑动窗口或者 Region Proposal）在图像上提取出一系列区域，采用 CNN 网络对每个区域进行分类和位置回归。

⑥ 检测结果评估：通过比较检测结果和真实标记进行评估，如计算精确率、召回率等指标。

5.3.4　物体检测的评价指标

物体检测的评价指标通常包括准确度、精确率、召回率、检测速度、平均精度、F1-score 等。

① 准确度是最常见的评估指标，准确度是预测正确的样本数量与所有样本数量的比值。一般来说，准确度越高，分类器越好。

② 精确率是从预测结果的角度来统计的，指在所有预测为正样本中实际为正样本的比例，即“找得对”的比例。

③ 召回率和真正类率是同一个概念，指在所有正样本中预测正确的比例，即模型正确预测了多少个正样本，即“找得全”的比例。

④ 检测速度是指算法在处理图像或视频时的速度。在实际应用场景中，需要快速、准确地检测出物体，因此检测速度也是一个重要的评价指标。

⑤ 平均精度是一种综合考虑准确度和精度的指标，是衡量物体检测算法性能的重要评价指标。它将精确率和召回率结合起来，计算出每个类别的平均精度，并对所有类别的平均精度求平均值得到最终的平均精度。

⑥ F1-score 是准确率和召回率的调和平均数，它可以度量分类器在精确性和完整性之间的平衡。更高的 F1-score 通常代表了更好的综合性能。

5.4　【实践案例】基于物体检测的牛群检测计数实现

5.4.1　实施思路

当前已经介绍了智慧畜牧业的相关概述、畜牧业中的人工智能应用以及物体检测技术的相关知识，接下来将通过“基于物体检测的牛群计数实现”案例，运用图像主体检测 API 接口调用的方式，将牛群图像发送到接口，实现对牛群的检测计数。本案例使用的图像数据为一张含有四头牛的图像，调用的图像主体检测接口检测出图片中多个主体的坐标位置。

基于物体检测的牛群检测计数实现

案例实现思路如下：

（1）生成 API 链接

通过人工智能交互式在线学习及教学管理系统，生成图像主体检测 API 调用的链接，用于发送请求时使用。

（2）调用主体检测 API

编写 Python 代码，将待检测的牛群图像数据发送到图像主体检测 API 接口检测，并获取返回的检测结果。

（3）识别结果分析

编写 Python 代码，提取牛群图像的检测结果，将置信度低于 0.5 的过滤，然后统计牛群中个体的数量。

5.4.2 实施过程

步骤一：生成 API 链接。

① 登录人工智能交互式在线学习及教学管理系统，进入“畜牧业人工智能应用”学习任务，单击“开始实验”按钮。

② 在控制台界面选择“人工智能 API 库”选项，单击“启动”按钮。

③ 在“人工智能 API 库”标签页的搜索框中输入“主体检测”按回车键，即可检索出主体检测的 API 应用及其相关功能的描述，单击操作一栏下的“复制”按钮，如图 5-11 所示，复制主体检测的 API 链接。

④ 获取到主体检测的 API 链接后，返回控制台界面，选择“人工智能在线实训及算法校验”环境，单击“启动”按钮。

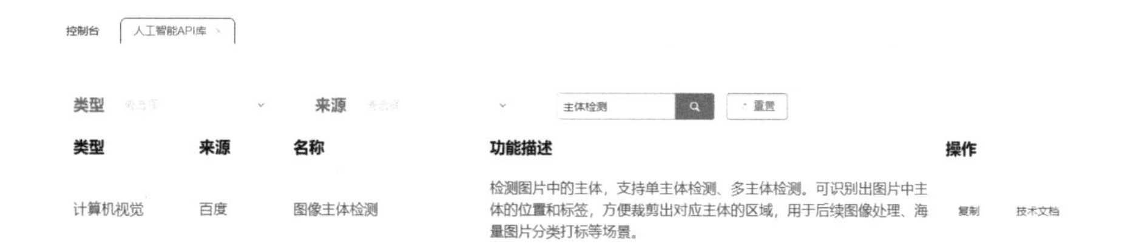

图 5-11　复制主体检测 API 链接

⑤ 进入实训环境后，可以看到其中名为“date”的文件夹，存放着本次案例所需识别的牛群图像数据，如图 5-12 所示，该图像为 4 头牛的图像，后续将其发送到主体检测的 API 接口中进行识别及可视化。

图 5-12　牛群图像

⑥ 单击实训环境界面右侧的“New”-“Python 3”选项，创建 Jupyter Notebook。

步骤二：调用主体检测 API。

接下来编写牛群计数的代码，调用主体检测 API，将牛群图像数据发送到接口中识别，获取牛群图像的识别结果。

① 导入本案例所需的实验库，包括发送网络请求的 requests 库、图像操作的 open cv 库、图像编码的 base64 库以及图像显示 matplotlib 库，代码如下。

```
# 导入所需库
import requests # 发送请求
```

```
import cv2  # 图像操作
import base64  # 图像编码
import matplotlib.pyplot as plt  # 图像显示
```

② 在步骤一中已经获取到本案例所需的图像主体检测 API 请求链接，接下来将其赋值给 request_url 变量，同时按照官方文档，设置请求消息头为 application/json 格式，代码如下。

```
# 定义主体检测 API 请求链接
request_url = '输入在任务 1 中复制的 API 链接'

# 设置消息请求头
headers = {'Content-Type': 'application/json'}
```

③ 设置请求体，首先读取待预测的牛群图像，并通过 base64 中的 b64encode() 函数对读取的图像数据进行编码，最后将其封装到 params 变量中，代码如下。

```
# 二进制方式打开图片文件
f = open('./data/cow.jpg', 'rb')

# base64 编码
img = base64.b64encode(f.read())

# 封装请求体
params = {"image":img}
```

④ 请求头、请求体等数据定义完成后，接下来通过调用 requests 的 post() 函数向“图像主体检测”API 接口发送图像数据，并输出返回结果，代码如下。

```
# 发送 post 请求
response = requests.post(request_url, data=params, headers=headers)
```

```
# 打印结果
if response:
    print (response.json())
```

以上代码即可实现将牛群图像数据发送到主体检测 API 接口，并获取返回的识别结果，识别结果中包含问题定位的 log_id 和主体检测结果数组 result，识别结果的数组中包括标签名称 name、识别的置信度 score 和识别主体的检测框信息 location。

步骤三：识别结果解析。

① 获取到识别结果后，提取返回的响应数据行，将识别结果数据提取到 result 变量中，代码如下。

```
# 提取识别结果
result = response.json()['result']
```

② 提取完识别结果后，依次遍历识别结果中的数据，将每个识别结果中的置信度提取出来，并依次判断置信度，过滤掉置信度低的误识别，使得计数更加准确，代码如下。

```
# 遍历结果
count=0
for i in result:
    # 提取置信度判断
    score = i['score']
    if score>=0.5:
        # 正确识别计数 +1
        count+=1
# 将计数结果打印
print('图片中有',count,'头牛')
```

程序运行示例输出结果如下，从识别结果可知图片中有 4 头牛，与原图一致。

```
识别结果：图片中有 4 头牛。
```

第6章

渔业人工智能应用

随着科技的发展，传统渔业得以实现智能化、数字化，智慧渔业逐渐成为现代渔业的重要发展方向。智慧渔业在水质检测、鱼病防治、智能投喂等方面得到了具体应用。通过运用先进的科技手段，对渔业生产过程进行智能化管理，提高渔业生产效率、降低成本、提高产品质量和增加渔民收入。

【知识框架】

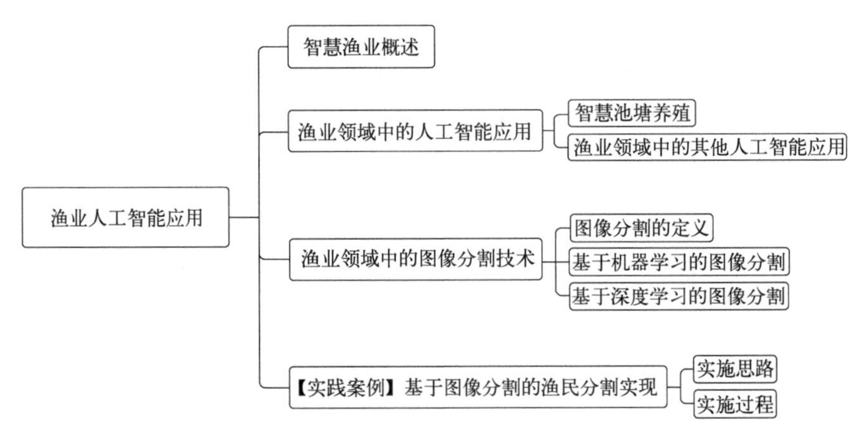

6.1 智慧渔业概述

智慧渔业是基于现代信息技术的渔业生产模式，其目的是通过应用先进的技术和管理手段来提高渔业生产效率和盈利能力，同时减少渔业资源的浪费和环境污染，实现可持续发展。

随着科技进步和人们环保意识的加强，智慧渔业的发展已经成为当今渔业产业的重要趋势。智慧渔业涉及多个方面，包括渔业生产、渔业管理、渔业科研等。通过运用现代化的信息技术手段，如互联网、物联网、大数据、人工智能等，可以使得渔业生产的各个环节更加智能化、精准化和高效化。

在智慧渔业的生产环节中，利用各种传感器、无人机、自动化控制设备等，可以实现对渔业生产的全方位监测和管控，包括水质、温度、盐度、氧气含量等环境因素的监测，如图 6-1 所示。先进的智能方案甚至还可以监测鱼类数量、鱼类生长状况、渔船位置和航线等。这些技术的应用，可以提高渔业生产效率和质量，减少人工干预和管理成本，同时避免渔业资源的浪费和破坏。

图 6-1 鱼塘环境智能检测

在渔业管理方面，智慧渔业可以通过数据分析和模型预测等技术手段，实现对渔业资源的科学管理和合理利用。例如，通过分析历史数据和环境因素，可以预测鱼类的生长和迁移规律，从而制订更为科学的渔业计划和资源配置方案。此外，智慧渔业还可以加强对违规捕捞的监测和打击，保护海洋生态环境和渔业资源。

在渔业科研方面，智慧渔业也有很大的应用前景。通过采集大量的渔业数据，进行数据分析和模型建立，可以发掘出更多的渔业生产规律，为渔业的可持续发展提供科学支撑和决策依据。

渔业领域中的
人工智能应用

6.2 渔业领域中的人工智能应用

在渔业领域中，人工智能技术的应用已经成为提高渔业效益、减少资源浪费和保护生态环境的有效手段之一。人工智能技术可以帮助渔业管理者监测海洋环境、预测渔获量和优化渔业生产流程，从而提高渔业的效率和减少资源浪费。例如，利用机器学习算法可以识别出渔船捕捞的鱼种、数量和大小，帮助渔业管理者做出更加准确的决策。此外，人工智能技术还可以在渔业保护和可持续发展方面发挥重要作用，例如在海洋生态环境监测、物种保护和海洋资源管理等方面。总的来说，人工智能技术的应用可以使渔业更加智能化、高效化和可持续化。

6.2.1 智慧池塘养殖

智慧池塘养殖是一种利用物联网、云计算、大数据、人工智能等新兴技术的现代化养殖模式，旨在提高养殖效率、降低成本、减少环境污染、改善养殖品质和增加农民收入。它将传统的养殖方式与现代科技紧密结合，采用智能化的水环境监测、饲料投放、疾病诊断和管理等手段，实现对养殖全过程的精细化管理，提高养殖效益和养殖品质。

智慧池塘养殖的应用范围广泛，涉及水产养殖、畜牧养殖等多个领域，其中以水产养殖应用最为广泛。智慧池塘养殖在水产养殖方面，可用于鱼类、虾类、蟹类、贝类等多种水产品的养殖，具有节约水源、节能减排、提高养殖效率、减少损失等优点。同时，智慧池塘养殖还可以提高水产品的安全性和品质。

（1）传统池塘养殖方法

传统池塘养殖方法是一种古老而常见的养殖方式，它是以池塘为基础，通过投放适当数量的鱼苗、饲料等，使鱼类生长繁殖，最终达到收获的目的。早在古代，人们就已经开始尝试利用自然水源养殖。随着现代养殖技术的发展，现代化的养殖设备逐渐普及，人们开始尝试各种新型养殖模式，传统池塘养殖方法逐渐退出。

传统池塘养殖方法相对简单，不需要大量的资金和设备，适合于农村地区的小规模养殖。在传统池塘养殖方法中，通常会选择水流较缓、水质相对清洁的河流或湖泊作为池塘的水源。在养殖初期，需要投放一定数量的鱼苗，如图 6-2 所示，通常以鲤鱼、草鱼、鲢鱼、青鱼等常见鱼种为主。此外，还需要注意饲料的种类和用量，过量的饲料会导致水质污染，影响养殖效果。

图 6-2　池塘投放鱼苗

在池塘养殖中，饲料是十分重要的，鱼类的生长和繁殖都需要足够的营养。传统池塘养殖通常采用自制饲料，饲料以小鱼虾、鱼饵等为主，适量添加麸皮、豆粉等混合物，如图 6-3 所示。这种饲料既可以保证鱼类的正常生长，又可以控制饲料成本。但需要注意的是，养殖过程中饲料的种类和用量要适当，避免饲料浪费或造成水体污染。

图 6-3 鱼类饲料

池塘养殖需要注意水质管理，及时清理池塘底泥和杂草，保持水质清洁。池塘底泥中含有大量有机物和养分，这些物质可以为鱼类提供养分，但是过多的底泥会导致水质污染，影响鱼类的生长，如图 6-4 所示。因此，在养殖过程中，需要定期清理底泥和池塘周边的杂草，以保持水体的清洁。此外，还需要注意池塘的水位和水温。在夏季高温天气中，池塘水体易受到藻类的侵袭，池塘的水位也会因为蒸发而下降，因此需要及时补充水源。冬季寒冷天气需要注意保持池塘水温不低于鱼类的适宜生存温度。

图 6-4 常见的水质问题

传统池塘养殖方法虽然简单易行，但是也存在一些问题和挑战。首先，传统池塘养殖方法对水源质量和环境的要求比较高，如果水源受到污染或池塘管理不当，会影响鱼类的健康和生长。其次，传统池塘养殖方法的养殖效率较低，需要较长的时间才能实现收获。传统池塘养殖方法在疫病防控方面也存在困难，一旦鱼类出现疾病，容易引起大面积感染，导致损失。

（2）智慧池塘养殖

智慧池塘养殖基于物联网和人工智能技术，通过安装各种传感器和摄像头来监测养殖环境的各种参数，利用人工智能技术对数据进行分析和处理，以实现自动化管理和优化养殖。智慧池塘养殖的应用主要包括以下几个方面。

① 鱼类监测。通过安装高清摄像头，将拍摄到的鱼群图像传输到云端服务器，利用人工智能图像分割技术将图像中的每一条鱼分割出来，可以得到鱼群中鱼的数量和分布情况，从而帮助养殖者实时掌握养殖情况，及时采取措施，调整养殖密度和饲料投放量，保证养殖效率和产量，如图 6-5 所示。

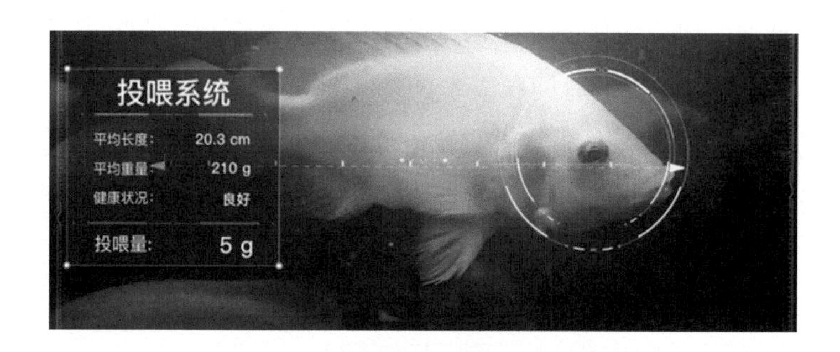

图 6-5　智能鱼类投喂分析

② 鱼类健康状况检测。通过对鱼类图像进行分割和分类，可以快速准确地检测出患病鱼类，并及时隔离治疗，避免病情传播，保证养殖环境的健康和稳定，如图 6-6 所示。

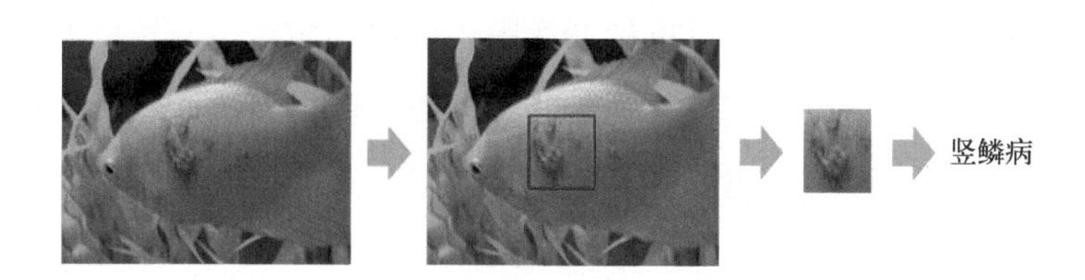

图 6-6　鱼类健康状况检测

③ 不良生长物识别和清除。运用图像分割技术对池塘图像进行处理，可以分割出不同的植物区域，进而识别出不良生长物，避免它们对鱼类生长产生影响，保持养殖环境的良好状态。

④ 智能化管理。通过对池塘图像进行分割和分类，可以实现智能化管理，自动化控制养殖环境的温度、水质等参数，保持养殖环境的稳定和健康，提高养殖效率和产量。

智慧池塘养殖有准确性高、处理速度快、易于扩展和升级三大优势。

① 准确性高：图像分割技术可以利用深度学习算法对图像进行分割和分类，准确率高，避免了传统手动分割的误差和不确定性，提高了养殖数据的精度和可靠性。

② 处理速度快：图像分割技术可以实现对大量图像数据的自动处理和分析，大大节省了人工处理时间和成本。

③ 易于扩展和升级：智慧池塘养殖可以利用云计算和大数据技术进行扩展和升级，可以随时根据需要添加新的算法和模型，提高系统的灵活性和可扩展性，满足养殖业者的不同需求。

6.2.2 渔业领域中的其他人工智能应用

人工智能技术在渔业领域中具有广泛的应用，可以提高渔业的生产效率和资源利用率。

（1）捕捞规划

人工智能技术可以分析历史数据，如捕获鱼种、位置和数量等，来预测未来的捕捞收益。这些预测可以帮助渔民决定何时捕捞，哪种鱼类最适合捕捞，以及应该在哪个位置捕捞等。这些数据还可以用于制订可持续的捕捞计划，以确保渔业资源的长期可持续性发展。

（2）鱼类识别

在渔船上使用摄像头可以捕捉到大量的图像和视频数据。使用人工智能技术，可以对这些数据进行分析，以自动识别和分类不同种类的鱼类。这些数据可以帮助渔民了解他们所捕获的鱼的种类和数量，从而更好地管理资源，如图 6-7 所示。

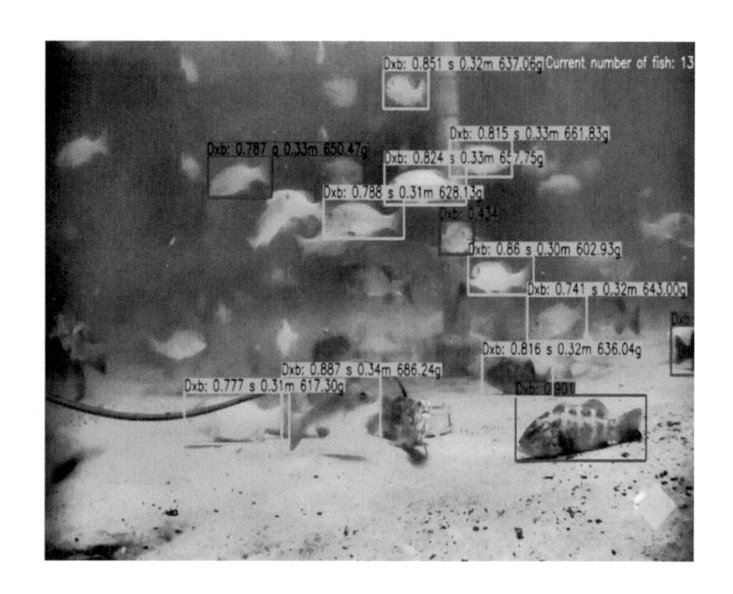

图 6-7　鱼类识别

（3）鱼类质量检测

通过对鱼体的形态、颜色、纹理等特征进行分析和比对，评估鱼类的质量和新鲜度。这项工作通常需要大量的人工参与，不仅效率低下，还容易产生误判和误差，影响到鱼类质量的判断和定价。而计算机视觉和人工智能技术则可以通过智能化的算法和模型，对鱼类质量进行高精度的识别和分类，实现自动化的鱼类质量检测。

（4）自动化养殖

使用人工智能技术可以帮助养殖者优化鱼类的养殖过程。例如，可以使用计算机视觉监测水质和鱼类的生长情况，并使用机器学习算法自动调整养殖环境，例如环境温度、氧气含量等，以确保鱼类健康生长。

6.3 渔业领域中的图像分割技术

渔业领域中的图像分割技术

在智慧池塘养殖、鱼类识别、鱼类质量检测场景中，均使用计算机视觉技术来实现不同场景的应用，比如在智慧池塘养殖场景中，首先对池塘进行图片拍摄，接着通过图像分割技术，对图像中的鱼类进行检测。

6.3.1 图像分割的定义

图像分割（Image Segmentation）是指将一幅数字图像划分为多个子区域或对象的过程，每个子区域或对象可以表示为具有相似视觉特征的像素组成的集合。如图 6-8 所示，基于图像分割技术，可以使用蓝色的线条将感兴趣的物体的轮廓圈出来，并使用不同的颜色填充该轮廓，从而达到分割出不同物体的目的。通常，图像分割被视为计算机视觉和图像处理领域中的基本任务之一，因为它是许多高级计算机视觉任务（如物体识别、目标跟踪和三维重建）的前置步骤。

图 6-8 图像分割示例

图像分割的目标是提取图像中特定的区域，它可以应用于各种领域，例如医学影像分析、自动驾驶、机器人导航、工业质检、地理信息系统等。

6.3.2 基于机器学习的图像分割

基于机器学习的图像分割方法通常需要先手动提取特征，并将这些特征提供给机器学习算法。这些特征可以是图像的亮度、颜色、纹理等特征。然后使用机器学习算法分类，并使用分类结果将图像分割成多个子区域。这种方法的优点是可以快速处理大量数据，并且能够实现高精度的分割结果。缺点是需要手动提取特征，并且对于复杂的图像，需要设计更复杂的特征提取方法。常见的机器学习分割方法有基于阈值分割、基于边缘分割、基于聚类分割等。

（1）基于阈值分割

将像素的灰度值与预先设定的阈值相比较，根据比较结果将像素分为不同的区域。该方法首先将彩色图像转为灰度图像，然后设定一个灰度值，如127，如果灰度值大于127，则将大于127的部分使用颜色填充，如果小于127，则使用另一种颜色填充，如图6-9所示。

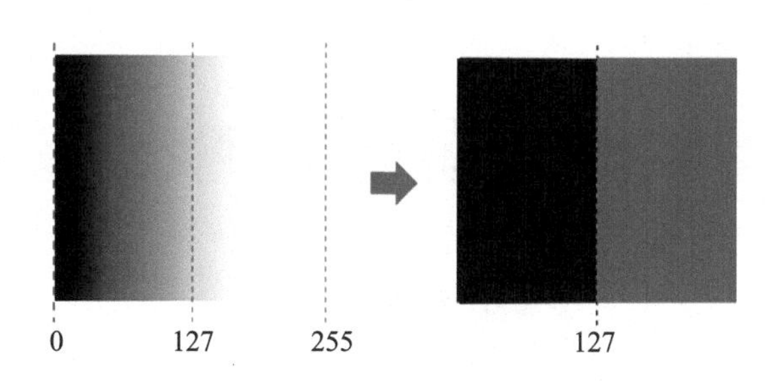

图6-9 基于阈值分割

（2）基于边缘分割

通过检测图像中的边缘信息，将图像分割成具有不同边缘的区域，通常是通过检测图像中灰度值变化较大的区域来获取边缘信息并分割的，如图6-10所示。

图 6-10 基于边缘分割

（3）基于聚类分割

使用聚类算法计算像素点间的相似性，然后根据相似性将图像像素分为不同的簇，每一个簇对应的就是图像分割的子区域。如图 6-11 中像素 50 和像素 100 是最接近的，具有比较高的相似性，所以被归到一个簇，而像素 255 距离较远，所以被分为另一类。

图 6-11 基于聚类分割

6.3.3 基于深度学习的图像分割

基于深度学习的图像分割是指使用深度学习模型，从大量数据中自动学习、提取图像分割的模式，将这些模式应用于新的图像分割。基于深度学习的图像分割方法的优点是可以自动提取特征，并且可以处理更加复杂的图像，例如医学影像、卫星遥感图像等。其缺点是需要训练大量的数据，并且训练过程比较复杂和耗时，除此之外，由于它是自动提取特征的，所以其模型难以解释，存在“黑盒”的特性。

基于深度学习的图像分割有以下算法：

（1）卷积神经网络（CNN）

使用卷积神经网络来学习图像的特征，进行像素级别的分类。

（2）循环神经网络（RNN）

通过循环神经网络来学习图像中的序列信息，进行像素级别的分类。

（3）U-Net

一种基于CNN的图像分割模型，使用编码器和解码器进行像素级别的分类。

（4）Mask R-CNN

一种基于Faster R-CNN的图像分割模型，能够同时进行目标检测和像素级别的分类。

基于图像分割的渔民分割实现

6.4 【实践案例】基于图像分割的渔民分割实现

6.4.1 实施思路

当前已经介绍了智慧渔业的相关概述、渔业领域中的人工智能应用以及图像分割技术的相关知识，接下来将通过"基于图像分割的渔民分割实现"案例，运用人像分割API接口调用的方式，将渔民的图像发送到接口，实现对渔民图像的分割。本案例使用的图像数据为一张带有多位渔民的图像，调用的人像分割API接口能够将人体轮廓与图像背景分离，该接口能返回分割后的二值图、灰度图、透明背景人像前景图，支持多人体、复杂背景、遮挡、背面、侧面等各类人体姿态。

本案例实现思路如下：

（1）获取API链接

通过人工智能交互式在线学习及教学管理系统，获取人像分割API调用的链接，用于发送请求时使用。

（2）调用人像分割 API

编写 Python 代码，将待分割的渔民图像数据发送到人像分割 API 接口进行分割，并获取返回的分割结果。

（3）分割结果分析

编写 Python 代码，提取人像分割的分割结果，包括透明背景人像前景图，渔民数量，并将其格式化进行输出。

6.4.2　实施过程

步骤一：获取 API 链接。

① 登录人工智能交互式在线学习及教学管理系统，进入“渔业人工智能应用”学习任务，单击“开始实验”按钮。

② 在控制台界面选择“人工智能 API 库”选项，单击“启动”按钮。

③ 在“人工智能 API 库”标签页的搜索框中输入“人像分割”并按下回车键，即可检索出人像分割的 API 应用及其相关功能描述，单击操作一栏下的“复制”按钮，复制人像分割的 API 链接，如图 6-12 所示。

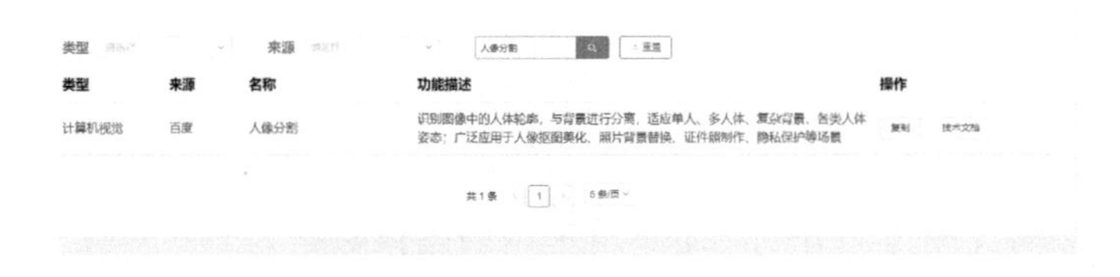

图 6-12　复制人像分割 API 链接

④ 获取到人像分割的 API 链接后，返回控制台界面，选择“人工智能在线实训及算法校验”环境，单击“启动”按钮。

⑤ 进入实训环境后，可以看到其中名为“date”的文件夹，其中存放着本案例所需分割的渔民图像数据，如图 6-13 所示，该图像为渔场的渔民图像，后续将其发送到人像分割的 API 接口中分割及可视化。

图 6-13　渔民图像

⑥ 单击实训环境界面右侧的“New” - “Python 3”选项，创建 Jupyter Notebook。

步骤二：调用人像分割 API。

接下来编写渔民分割代码，调用人像分割 API，将渔民图像数据发送到接口中进行分割，获取渔民分割的分割结果。

① 导入本案例所需的实验库，包括发送网络请求的 requests 库、图像操作的 open cv 库、图像编码的 base64 库、图像读取的 PIL 库以及图像显示 matplotlib 库，代码如下。

```
# 导入所需库
import requests  # 发送请求
import cv2  # 图像操作
import base64  # 图像编码
import matplotlib.pyplot as plt  # 图像显示
from PIL import Image # 图像读取
```

② 在步骤一中已经获取到本案例所需的人像分割 API 请求链接，将其赋值给 request_url 变量，按照官方文档，设置请求消息头为 application/json 格式，代码如下。

```
# 定义人像分割 API 请求链接
request_url = '输入在任务 1 中复制的 API 链接'
# 设置请求消息头
headers={"Content-Type": "application/json"}
```

③ 设置请求体，首先读取待预测的渔民图像，并通过 base64 中的 b64encode() 函数对读取的图像数据进行编码，最后将其封装到 p 变量中，代码如下。

```
# 二进制方式打开图片文件
f = open(‘./data/test1.jpg’,‘rb’)
# base64 编码
img = base64.b64encode(f.read())
# 封装请求体
p = {“image”:img}
```

④ 请求头、请求体等数据定义完成后，接下来就可以通过调用 requests 的 post() 函数向“人像分割”API 接口发送图像数据，并输出返回结果，代码如下。

```
# 发送请求
response = requests.post(request_url, data=p, headers=headers)


# 打印结果
if response:
    print (response.json())
```

以上代码即可实现将渔民图像数据发送到人像分割 API 接口，并获取返回的分割结果，分割结果中包含分割后的渔民前景图像 foreground，包含置信度在内的人体描框 person_info，人物数量 person_num。

步骤三：分割结果分析。

① 获取到分割结果后，提取返回的响应数据，将分割结果数据提取到 result 变量中，代码如下。

```
# 提取结果
data = response.json()
```

② 提取完人像分割结果后，提取分割后的渔民前景图像和统计出的图片人物数量，代码如下。

```
# 加载结果
data = response.json()
# 提取图像数据
image = data['foreground']
# 提取人数数据
person_num = data['person_num']
```

③ 对提取到的前景图像数据进行 base64 图像数据解码。

```
# 解码 base64 图像数据
image_data = base64.b64decode(image)
```

④ 解码后的图像数据还不能直接显示，需要使用 write() 函数保存图片数据，代码如下。

```
# 将图像数据写入保存
with open('./out.jpg','wb') as f:
    f.write(image_data)
```

⑤ 图片保存完成后，使用 Image 的 open() 函数读取保存后的图像用于后续显示，代码如下。

```
# 读取保存的图像
sourceImg = Image.open('./out.jpg')
```

⑥ 最后使用 matplotlib 库展示读取的图片，并将渔民数量一并输出，代码如下。

```
# 显示图像
plt.imshow(sourceImg)
plt.show()
print('一共有 {} 位渔民'.format(person_num))
```

执行代码块后输出如图 6-14 所示结果。

图 6-14　渔民分割效果图

从渔民分割效果图中可以看到所有渔民的人像都被完整提取出来了，同时在图像下方打印了人像分割 API 所获取的人像数量。

▶ 第三篇

农业人工智能综合实践

本书前两篇介绍了人工智能技术在农业领域的应用，这些应用是通过人工智能模型来实现的，本篇将基于 EasyDL 零门槛人工智能开发平台，完成图像分类模型（即智能草莓生长态势识别系统）和物体检测模型（即智能玉米病虫害检测系统）的开发，介绍从 0 到 1 实现人工智能模型的开发与应用的方法。

第7章

智能农作物生长态势识别系统

智能农作物生长态势识别系统是农业科技与信息技术的有机结合，通过将先进的计算机技术、传感器技术、人工智能和大数据分析等应用于农业生产，为农作物的生长提供精确、实时的监控和管理。智能农作物生长态势识别系统是现代化、智能化农业生产的重要工具，它能够大幅提高农作物生长的监控和管理效率，提升农业生产的科学性和精确性。

【知识框架】

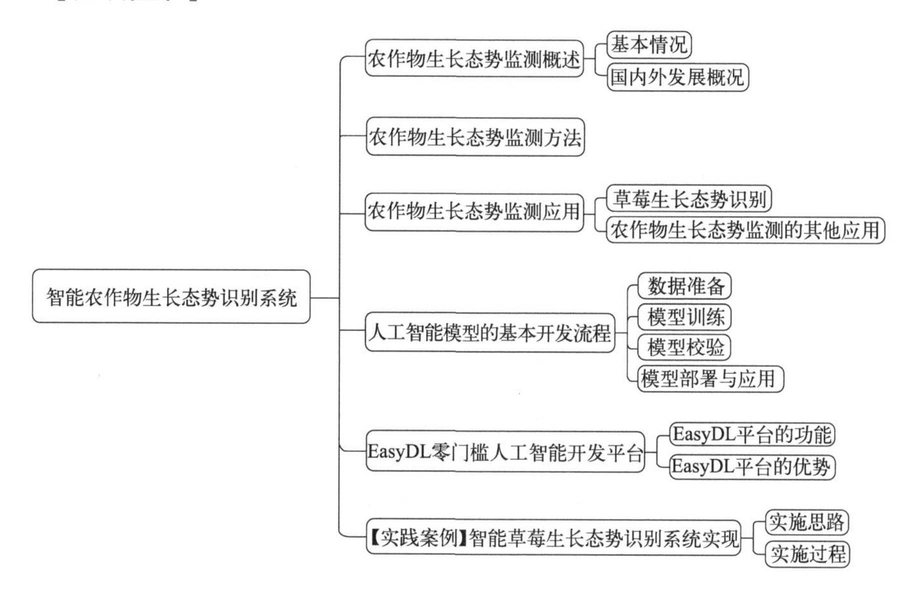

7.1　农作物生长态势监测概述

农作物生长态势即田间农作物的生长健康状态与变化趋势，农作物生长态势监测作为科学管理与开展农业生产活动、评估粮食产量的重要依据，要求能够及时地全面反映农情。

7.1.1　基本概况

农作物生长态势监测利用现代信息技术手段，采集和分析农作物生长过程中的各种因素的数据，以便识别出作物生长的当前状态和趋势。这些因素包括土壤水分、温度、光照、二氧化碳浓度等环境因素，还包括作物的叶面积、生长速度、产量等生物学特征，如图 7-1 所示。

农作物生长态势监测可以帮助农业生产者更好地了解作物的生长状况，以便更好地管理农作物的生长过程，提高作物的产量和质量。同时，通过对大量作物生长数据的分析，还可以发现一些规律和趋势，为农业科研提供参考。

图 7-1 作物生长的影响因素

7.1.2 国内外发展概况

20 世纪 70 年代中期，美国国家航空航天局（NASA）和美国农业部（USDA）联合发起的“大面积农作物调查实验”项目，通过对遥感影像数据的数字处理、图像分类、统计分析等方法，实现了对全球主要粮食生产区的农作物种植面积和产量的定量估计，为全球粮食市场提供了重要的决策依据。

从 1986 年以来，法国空间技术公司相继发射的地球观测系列卫星 SPOT1 ～ 7 号，为农业生产提供精准的遥感监测服务，提高农业生产的效率和可持续性，为实现农业现代化和可持续发展做出了重要贡献。

从 1999 年以来，我国发射了资源一号 02C 卫星，如图 7-2 所示，其主要用于土地利用、资源调查、环境监测等领域，资源一号 02C 卫星可以获取多光谱遥感影像数据，实现对农田的植被指数、叶面积指数、生长状态等多种生长指标的监测和分析，为农作物种植、调控和管理提供科学依据。

2023 年 8 月，我国发射的高分十二号 04 星微波遥感卫星，地面像元分辨率最高可达亚米级其在农业领域上的应用，为农作物估产和防灾减灾等领域提供信息保障，为农业生产管理和决策作出了重大贡献。

图 7-2　资源一号 02C 卫星

7.2　农作物生长态势监测方法

农作物生长态势监测方法主要包括地面巡逻检查、遥感实时检测和人工智能监测。

传统的地面巡逻检查方式主要依靠大量人力排查农作物情况，需要通过目视或手动检查的方式对农作物进行检查，以便发现可能存在的缺陷和问题，并根据经验予以诊断，如图 7-3 所示。地面巡逻检查具有直观、样本采集准确度高的特点，能及时发现问题并有针对性地采取相应的措施，缺点则是需要投入大量的人力、物力，成本较高，而且检查效率低下。

而遥感检测是使用仪器对一段距离以外的目标物或现象进行观测，不需要直接接触目标物或现象就能收集信息。如图 7-4 所示，用遥感图像识别、分析、判断是更高自动化程度的监测手段，如太空卫星可以帮助探测是否会出现干旱或洪涝灾害，高空无人机可以观察大规模种植区域的病害情况。遥感实时监测具有快速、宏观、客观的特点，监测范围广且节省人力资源，可以实时准确地提供地表信息。

图 7-3　人力排查农作物情况

图 7-4　遥感图像

作物长势受到光照、温度、土壤肥力、水分、病害、灾害性天气等多方面因素的影响，是综合性结果，因此，遥感技术大面积、实时准确的多维时空信息对作物生产发展有着不可替代的作用。农业遥感技术作为推进数字农业发展的重要力量，利用遥感卫星建设天空地一体化的农业农村观测体系，是数字农业的必然趋势，如图 7-5 所示。然而，遥感实时监测的方法并不能直接感知作物产量，因此基于人工智能计算机视觉的方法开始被应用到作物长势监测领域。

利用计算机视觉技术，结合现代传感技术或遥感技术采集图像数据，得到特征数据后建立算法模型，从而构架农作物长势监测和预测的图像视频库、模型库和知识库等数据集。然后开发相应的软件系统，分析各个因素与作物生长之间的关系，从而对作物产量做出精准预测。

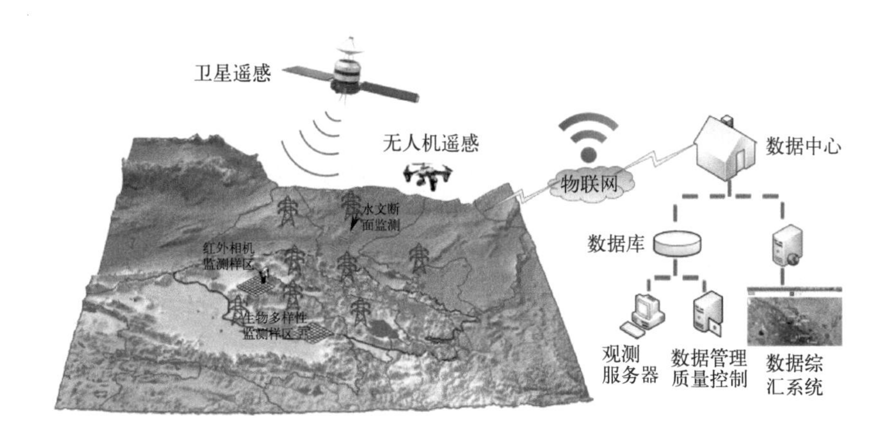

图 7-5　天空地一体化农业农村观测体系

7.3　农作物生长态势监测应用

农作物生长态势监测应用

农作物生长态势监测技术已经在农业生产管理、植株生长状态评估、田间作业自动化等领域得到广泛应用。

7.3.1　草莓生长态势识别

智能草莓生长态势识别是利用图像识别技术和深度学习算法，对草莓生长阶段进行分类和识别的过程。它通过对草莓生长的图像数据进行处理和分析，判断草莓植株的生长阶段和生长状况，从而可以实现对草莓植株的管理和控制。

（1）背景

草莓是一种广泛种植的水果，中国是草莓第一生产大国和消费大国，据《中国草莓行业发展趋势分析与投资前景研究报告（2022—2029 年）》显示，我国草莓的生产规模位居世界第一，占比全球草莓总产量三分之一以上。但由于草莓植株矮小、易染病，对温度、湿度、光照要求较高，生产管理过程中人工成本很高。且常因栽培管理技术粗放，缺乏标准化栽培模式，导致植株长势较差、畸形果多、病虫害严重，产量容易受到影响。因此，草莓生长状态自动化识别和监测，及时判断草莓植株的生长阶段和生长状况，对实现草莓植株的精准管理和控制具有重要的意义。

（2）传统草莓生长态势识别方法

传统的草莓生长态势识别主要依赖人工观察和测量，农民需要定期检查和观察草莓的生长情况，如图 7-6 所示。农民可以通过观察草莓植株的生长状态、茎叶的颜色、根部的状况等，来判断草莓的生长阶段和生长状况。这种方法存在效率低下、易受环境干扰、精度低等缺点。传统的草莓生长态势识别方法难以满足现代农业对高效、准确、自动化的草莓生长态势识别技术的需求，需要更加高效、准确、自动化的草莓生长态势识别技术的支持，以提高草莓种植业的效率和生产力。

图 7-6　农民定期检查和观察草莓的生长情况

（3）智能草莓生长态势识别方法

新一代信息技术的发展为智能化草莓种植管理提供了便利。草莓生长态势智能识别可以通过数字图像处理技术和深度学习计算机视觉算法来实现首先收集图像数据，接着进行预处理，然后利用深度学习算法训练智能分类模型，最后使用模型进行生长态势识别。

① 收集图像数据：要识别草莓生长态势，首先需要收集草莓生长的图像数据，包括不同生长阶段的草莓图像，如图 7-7 所示。这些图像数据可以通过摄像机、手机等设备采集，也可以从已有的草莓图像数据集中获取。图像数据集应该包括足够数量和种类的样本，以便训练和验证模型的准确性。

图 7-7　不同生长阶段的草莓图像

② 图像预处理：图像数据预处理可以提高模型的准确性，主要涉及数字图像处理技术，根据实际业务场景的需求进行图像增强、降噪、裁剪、缩放等操作。如，可以对图像进行亮度和对比度调整，去除图像中的噪点和干扰，裁剪图像以保留草莓植株的关键部位。

③ 训练分类模型：将处理完成的图像数据集作为模型输入，利用深度学习算法训练智能分类模型，如图 7-8 所示。深度学习算法是一种广泛应用于图像识别的技术，训练模型时，需要不断调整参数，如学习率、批量大小、迭代次数等，以获得最佳的识别模型。

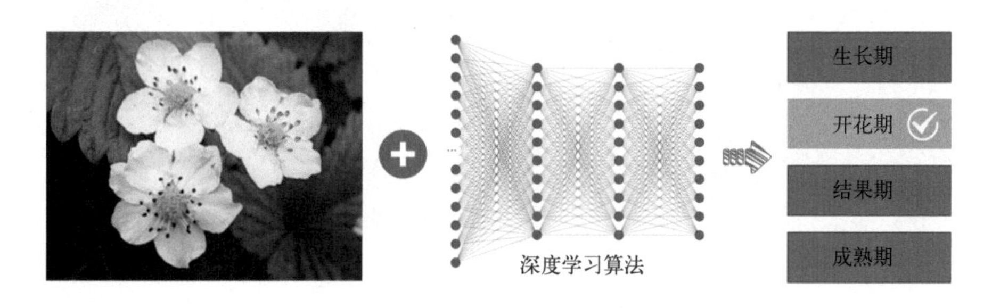

图 7-8　训练分类模型

④ 生长态势识别：使用训练得到的最佳模型识别草莓生长态势。如果草莓图像被分类为成熟期，那么可以认为该草莓植株生长良好。

计算机视觉识别方法可以快速、准确地检测和识别草莓植株的生长状态，无需人工干预，大大降低了人工成本，提高了检测效率。同时可以避免人为因素带来的误差，提高了生长状态的准确性和可靠性。不仅如此，计算机视觉识别方法对草莓植株没有破坏，不会影响草莓的生长和品质，还可以实时监测草莓植株的生长状态，及时发现问题并处理，提高了生产质量。

目前，草莓生长态势识别技术已经应用于草莓种植业的不同环节，例如草莓生长环境监测、草莓采摘和分类、草莓病虫害防治等。被誉为“中国设施草莓第一县”的安徽省合肥市长丰县实现了草莓生产温、光、气、土、肥、药可视化和联动控制，如图 7-9 所示。综合利用传感器、大数据、人工智能等手段，将采集的数据传输到大数据中心，通过数据的建模分析，最后就能得到草莓生长过程的一个模型，给草莓种植户提供合理的建议和方案。通过病虫害智能识别系统和水肥药智能管控系统，实现精准化施肥、施药，草莓生产过程中能实现节肥 30%、节药 45%，草莓数字化生产降本增效成效显著。同时，数字化生产能实现草莓平均产量提高 15%，每亩节省农资、人力等费用 800 元，亩均增产增收约 3600 元。

图 7-9　长丰县智慧草莓园

7.3.2　农作物生长态势监测的其他应用

人工智能技术与遥感技术、智能机器人技术等结合，可以实现除了生长态势识别的基础功能外，还能够实现其他更多应用。

（1）田间作业自动化

利用机器视觉技术和自动控制技术，对农机进行智能化改造，实现自动导航、定位、播种、施肥、除草等作业，提高农业生产效率。

（2）土壤水分监测

利用遥感技术获取土壤湿度图像，结合气象数据和土壤性质，对农田水分状况进行实时监测和预测，为灌溉决策提供支持。

（3）预测产量

通过分析作物生长历程、气象因素等多种数据，利用机器学习模型预测作物产量，为农民提供决策参考。

7.4　人工智能模型的基本开发流程

人工智能模型的基本开发流程

前面介绍过很多农业人工智能应用，包括智能牛群检测计数、智能渔民分割、智能草莓生长态势识别等，这些应用都是通过开发人工智能模型来实现的。人工智能模型的基本开发流程主要包括 4 步，分别为数据准备、模型训练、模型校验、模型部署与应用。

7.4.1　数据准备

在数据准备阶段，主要涉及需求分析、数据采集、数据处理及数据标注 4 个环节。

需求分析阶段明确要解决什么问题、达到什么目的，确定人工智能开发框架和思路。按照需求有目的性地收集、整合相关数据。

在数据采集过程中，尽可能采集与真实业务场景一致的数据，并覆盖可能有的各种情况，如拍照角度、光线明暗的变化等，如图 7-10 所示。

图 7-10　覆盖各种情况

在数据处理阶段需要过滤不符合要求的数据，提高现有数据的质量。如图 7-11 所示，在草莓生长态势识别中，所使用的数据集应为草莓各种生长状态下的图像，而草莓蛋糕、草莓果汁或其他水果等图像，或被严重遮挡、失真等不规范图像，都应该过滤掉。在数据处理完成后，一般可以从数据的完整性、一致性和准确性这 3 个方面评估数据是否达到预期设定的质量要求。

图 7-11　过滤不符合要求的数据

数据标注阶段对数据样本进行标记，如图 7-12 所示。构建智能模型需要大量的训练数据，一般情况下这些训练数据需要先标注，再输入模型中学习，因此数据标注的质量会直接影响到模型的效果。在开始数据标注之前，需要先确定标注标准、标注形式和标注工具等。

图 7-12　数据标注

7.4.2　模型训练

数据准备完成后，接下来就是模型训练阶段。在这一阶段，需要先构建模型，再训练。基于主流人工智能框架，如 PaddlePaddle、TensorFlow、Caffe、PyTorch 等，选择 CNN、RNN 等算法，开发出业务所需的模型。在训练过程中，使用准备好的训练集，输入到模型中进行特征学习，并等待模型训练完成。

7.4.3　模型校验

得到模型之后，整个开发过程未结束，需要使用测试集测试模型的识别效果，得到准确度、精确率、召回率等模型评估指标。如效果不佳，则需要反复地调整算法参数、数据集等，不断迭代优化，直至训练得到一个最佳模型，这就是模型校验、调优阶段。

7.4.4　模型部署与应用

得到一个满意的模型之后，需要将其部署应用到真实的场景中去，结合运行环境进一步确定算法模型是否能够达到业务需求，如芯片、内存、硬盘、宽带等，这是人工智能开发流程的最后一步。

7.5 EasyDL 零门槛人工智能开发平台

目前很多公司都开放了零门槛人工智能开发平台，如百度 EasyDL 平台，在这个平台只需花十几分钟就可以训练得到一个较好的模型。EasyDL 是百度大脑推出的零门槛人工智能开发平台，面向各行各业有定制人工智能需求、零算法基础或者追求高效率开发人工智能的企业用户。支持包括数据管理与数据标注、模型训练、模型部署的一站式人工智能开发流程。如图 7-13 所示，为 EasyDL 从数据管理到模型构建再到模型部署与应用的一站式开发流程。

图 7-13 EasyDL 一站式开发流程

7.5.1 EasyDL 平台的功能

EasyDL 平台根据目标客户的应用场景及深度学习的技术方向，开放 6 个模型类型：EasyDL 图像、EasyDL 文本、EasyDL 语音、EasyDL OCR、

EasyDL 视频，以及 EasyDL 结构化数据，如图 7-14 所示。

图 7-14　EasyDL 模型类别

（1）EasyDL 图像

EasyDL 图像模型可定制基于图像进行多样化分析的人工智能模型，实现图像内容理解分类、图中物体检测定位等，适用于图像内容检索、安防监控、工业质检等场景。目前，EasyDL 图像共支持训练 3 种不同应用场景的模型，包含图像分类、物体检测和图像分割。

（2）EasyDL 文本

EasyDL 文本基于百度领先的语义理解技术，提供一整套自然语言处理模型定制与应用能力，可广泛应用于各种自然语言处理的场景。目前，EasyDL 文本共支持训练 6 种不同应用场景的模型，包括文本分类 - 单标签、文本分类 - 多标签、短文本相似度、文本实体抽取、文本实体关系抽取和情感倾向分析。

（3）EasyDL 语音

EasyDL 语音模型可以定制语音识别模型，精准识别业务专有名词，适用于数据采集录入、语音指令、呼叫中心等场景，以及定制声音分类模型，用于区分不同声音类别。目前，EasyDL 语音共支持训练两种不同应用场景的模型：语音识别和声音分类。

（4）EasyDL OCR

EasyDL OCR 模型可以定制训练文字识别模型，结构化输出关键字段内容，满足个性化卡证票据识别需求，适用于证照电子化审批、财税报销电子化等场景。

（5）EasyDL 视频

EasyDL 视频模型可以定制分析视频片段内容、跟踪视频中特定的目标对象，适用于视频内容审核、人流或车流统计、养殖场牲畜移动轨迹分析等场景。目前，EasyDL 视频共支持训练 2 种不同应用场景的模型：视频分类和目标跟踪。

（6）EasyDL 结构化数据

EasyDL 结构化数据模型可以挖掘数据中隐藏的模式，解决二分类、多分类、回归等问题，适用于客户流失预测、欺诈检测、价格预测等场景。目前，EasyDL 结构化数据共支持训练 2 种不同应用场景的模型：表格数据预测和时序预测。

7.5.2 EasyDL 平台的优势

EasyDL 平台具有较为领先的功能特性，目前已有超过 80 万企业用户，其已在工业制造、安全生产、零售快消、智能硬件、文化教育、政府政务、交通物流、互联网等领域应用。以下从 4 个方面简单介绍该平台的优势。

（1）零门槛

EasyDL 提供围绕人工智能服务开发的端到端的一站式人工智能开发和部署平台，包括数据上传、数据标注、训练任务配置及调参、模型效果评估、模型部署。平台设计简约，极易理解，使用图形化界面，只需点击、拖拉拽操作即可上手，最快十几分钟能够完成模型训练。

（2）高精度

EasyDL 基于 PaddlePaddle 飞桨深度学习框架构建而成，底层结合百度自研的 AutoDL/AutoML 技术，基于少量数据就能获得具有出色效果和性能的模型。

（3）低成本

数据对于模型效果至关重要，在数据服务上，EasyDL 除提供基础的数据上传、存储、标注外，额外提供线下采集及标注支持、智能标注、多人标注、云服务数据管理等多种数据管理服务，大幅降低企业用户及开发者的训练数据处理成本，有效提高标注效率。如线下采集及标注支持、智能标注、多人标注、云服务数据管理等。

（4）广适配

EasyDL 模型训练阶段需要在线训练，训练完成后，可将模型部署在公有云服务器、本地服务器、小型设备、软硬一体方案专项适配硬件上，通过 API 或 SDK 集成，有效应对各种业务场景对模型部署的要求，如图 7-15 所示。

图 7-15　全面丰富的部署方式

7.6 【实践案例】智能草莓生长态势识别系统实现

7.6.1 实施思路

智能草莓生长态势识别系统实现

当前已经介绍了农作物生长态势识别的相关知识、识别方法以及应用场景，明确了智能农作物生长态势识别系统开发的流程，接下来将通过“智能农作物生长态势识别系统实现”案例，使用 EasyDL 零门槛 AI 开发平台对不同生长时期的草莓图片数据进行模型训练，并将其发布为云端服务调用 API 接口。本案例使用的数据集为不同生长时期的草莓图片，包含生长期、开花期、结果期、成熟期 4 个阶段，每个阶段 20 张图片，共 80 张图片数据。

案例实现思路如下：

（1）数据准备

将人工智能交互式在线学习及教学管理系统的草莓生长态势识别数据集下载至本地，在 EasyDL 零门槛 AI 开发平台创建数据集并将下载的数据导入，用于后续模型训练。

（2）模型训练

创建草莓生长态势识别模型，并配置模型训练，使用导入的数据集对模型训练。

（3）模型校验

将训练好的模型启动校验服务，使用一张草莓图片对模型性能测试校验，验证识别结果准确性，若识别结果较差可重新进行模型训练。

（4）模型云端部署与应用

将校验识别准确的模型发布为云端模型服务，编写 Python 代码，将一张待预测的草莓图片发送到模型服务接口中识别并输出识别结果。

7.6.2　实施过程

步骤一：数据准备。

① 登录人工智能交互式在线学习及教学管理系统，在控制台界面中单击“人工智能在线实训及算法校验”选项下的“启动”按钮，即可进入 Jupyter Notebook 开发界面。

② 在 Jupyter Notebook 开发界面中，可以看到本案例所用的草莓生长态势识别数据集文件 dataset.zip，如图 7-16 所示，勾选数据集文件前的复选框，单击“Download”按钮将数据集文件下载至本地。在这个压缩文件中，存放着不同生长时期的草莓图片，包含生长期、开花期、结果期、成熟期 4 个文件夹，不同文件夹下分别存放着 20 张对应生长态势的图片数据。

③ 数据集下载完成后，单击“控制台”标签页返回控制台界面，在控制台界面中单击“百度 EasyDL”选项下的“启动”按钮，如图 7-17 所示，即可进入 EasyDL 零门槛 AI 开发平台。

图 7-16　数据集文件　　图 7-17　启动“百度 EasyDL”

④ 在 EasyDL 零门槛 AI 开发平台界面单击“立即使用”按钮，如图 7-18 所示。

图 7-18　使用 EasyDL 零门槛 AI 开发平台

⑤ 在“选择模型类型”的弹窗单击“图像分类”选项，如图 7-19 所示，进入图像分类模型开发界面。

图 7-19　选择模型类型

⑥ 在图像分类模型开发界面左侧的导航栏中，单击“数据总览”，在数据总览界面单击“创建数据集”按钮，如图 7-20 所示，进入创建数据集界面。

图 7-20　单击“创建数据集”按钮

⑦ 进入创建数据集的界面后，在数据集名称一栏填写本次案例的数据集

名称，此处填写“草莓生长态势识别数据集”，数据类型默认为图片，数据集版本为 V1，标注类型为图像分类，标注模板为单图单标签，填写完成后，单击“完成”按钮，如图 7-21 所示。

⑧ 单击“完成”按钮后，即可自动返回至数据集总览界面，看到创建完成的草莓生长态势识别数据集，在操作一栏下单击“导入”选项，如图 7-22 所示，进入数据集导入界面。

⑨ 在导入数据界面的数据标注状态项选择“有标注信息”选项，导入方式选择“本地导入”-“上传压缩包”，标注格式选择“以文件夹命名分类”选项，单击“上传压缩包”按钮，如图 7-23 所示。

图 7-21　创建数据集

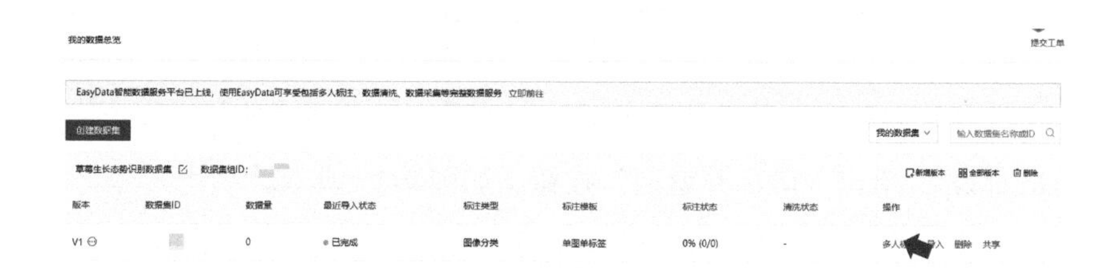

图 7-22　单击“导入”选项

⑩ 在“上传压缩包”弹窗查看数据集上传的格式要求，如图 7-24 所示，

由于此处选择的标注格式为“按文件夹命名分类”，因此上传的压缩包中文件名即为分类的标签名，接着单击“已阅读并上传”按钮，选择下载好的草莓生长态势识别数据集上传。

图 7-23 选择上传方式

图 7-24 上传压缩包

⑪ 选择数据集上传并等待片刻后，即可看到上传完成的数据集压缩包文件 dataset.zip，单击“确认并返回”按钮，如图 7-25 所示。

⑫ 单击“确认并返回”按钮即可回到数据总览界面查看数据上传进度，等待片刻后即可看到上传完成的草莓生长态势识别数据集，其中数据量为 80 张图片，标注状态为 100%，如图 7-26 所示。

图 7-25　单击“确认并返回”按钮

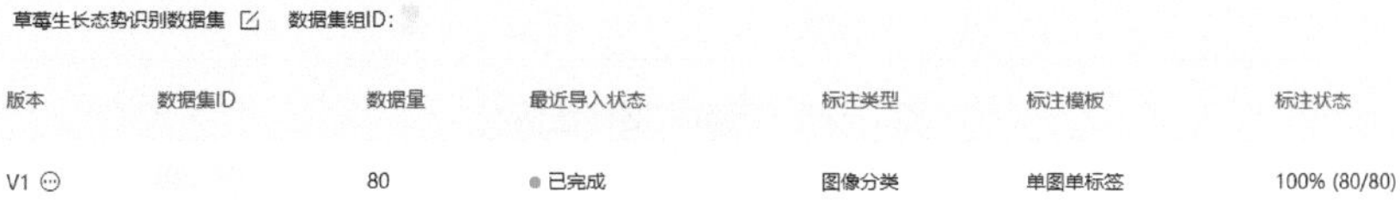

草莓生长态势识别数据集　数据集组ID:

版本	数据集ID	数据量	最近导入状态	标注类型	标注模板	标注状态
V1		80	已完成	图像分类	单图单标签	100% (80/80)

图 7-26　查看上传的数据集

⑬ 数据集上传完成后，可单击数据集操作一栏下的“查看与标注”选项，如图 7-27 所示，可查看上传的数据集图片及标注信息。

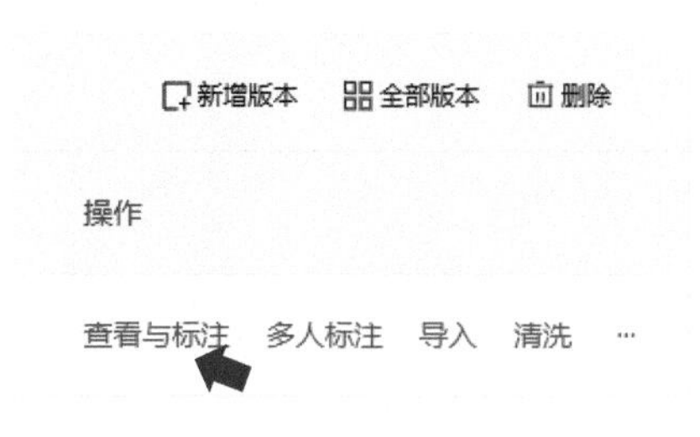

图 7-27　单击“查看与标注”选项

⑭ 在数据集查看界面可以看到数据集的标签、对应标签的数据量以及图片数据，如图 7-28 所示。

步骤二：模型训练。

① 草莓生长态势识别数据集上传完成后，接着可以创建模型对数据进行训练，在图像分类模型界面左侧的导航栏中单击“创建模型”选项，如图 7-29 所示，进入创建模型界面。

图 7-28 查看数据标注情况

② 进入创建模型界面后的模型信息区域，模型名称输入“草莓生长态势识别”，在业务描述中填写模型的业务描述，如图 7-30 所示。按照要求完成信息填写，填写完成后，单击“完成并训练”按钮。

图 7-29 单击“创建模型”选项　　图 7-30 单击“完成并训练”按钮

③ 进入训练模型界面，在添加数据集项单击“请选择”按钮，即可在弹出的窗口中选择上传的数据集，如图 7-31 所示。

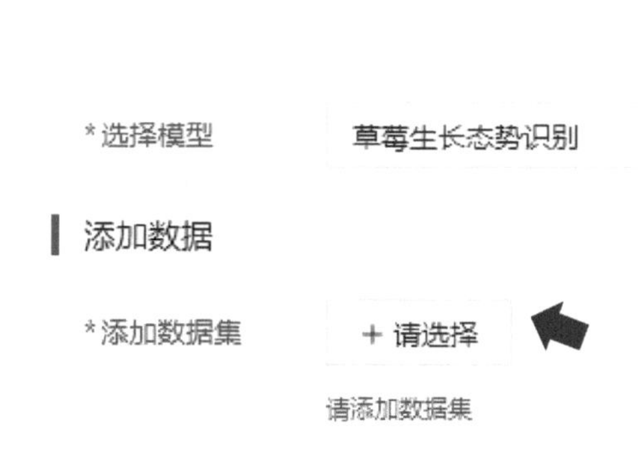

图 7-31　选择数据集

④ 在弹出的添加数据集窗口中，在“可选项”一栏勾选“草莓生长态势识别数据集 V1”复选框，可在“已选项”中查看选择数据集及对应的标签，如图 7-32 所示，单击“确定”按钮。

图 7-32　添加数据集

⑤ 自定义验证集和自定义测试集默认不配置，数据增强策略选择“默认配置”选项，若有其他项目需求，可根据官方文档说明配置，如图 7-33 所示。

图 7-33 数据集配置

⑥ 在训练配置面板中，部署方式选择“公有云部署”选项，选择该选项主要用于后续发布模型至公有云，方便发送网络请求，将图片数据输入模型并获取返回结果。训练方式选择“精度提升配置包”选项，选择算法项选择“百度文心・CV VIMER-CAE 预训练模型 - 通用场景”选项，选择网络项选择精度最高，即模型预测时延 1000ms 以上，此时模型精度超高，但性能较低，可根据项目实际需求选择。自动超参搜索和高级训练配置默认不做配置，如图 7-34 所示。

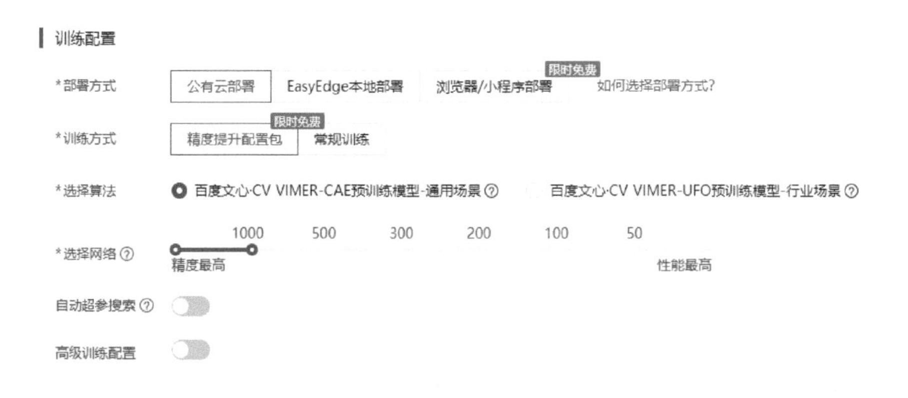

图 7-34 模型训练配置

⑦ 训练配置选择完成后，接着在训练环境项中选择“GPU P4”选项，若有其他训练环境要求，可根据具体需求选择，训练设备数默认为 1。配置完成后单击开始训练按钮，如图 7-35 所示。

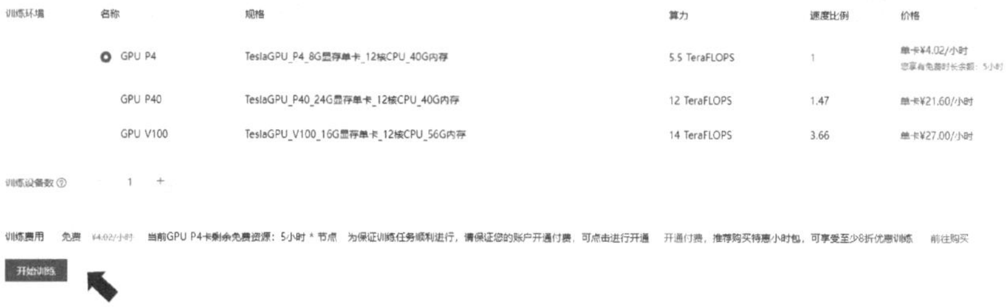

图 7-35　开始模型训练

⑧ 模型开始训练后，将自动返回至模型列表界面，可以看到模型部署方式为公有云 API，后续可以将模型发布为公有云 API 接口的形式调用，且当前的训练状态为排队中，等待片刻后即可进入训练状态，如图 7-36 所示。

图 7-36　查看模型训练状态

⑨ 如图 7-37 所示，模型的训练状态为“训练完成”，且模型效果一栏下，模型的 top1 准确率为 95.83%，接下来校验模型，若校验结果满足部署需求，则可将模型发布至公有云端应用。

图 7-37　查看模型训练完成状态

步骤三：模型校验。

① 在训练完成的模型操作一栏下，单击“校验”选项，如图 7-38 所示，

进入校验模型界面。

图 7-38 单击“校验”选项

② 在校验模型界面可以看到当前选择的模型为“草莓生长态势识别”，部署方式和版本分别为公有云 API 和 V1，单击“启动模型校验服务”按钮，即可启动模型校验服务验证模型效果，如图 7-39 所示。

图 7-39 单击“启动模型校验服务”按钮

③ 等待片刻后即可启动模型的校验服务，可以在该界面中查看当前模型准确率，单击界面的“点击添加图片”按钮，上传一张草莓图片对模型进行校验，如图 7-40 所示。

图 7-40 单击“点击添加图片”按钮

④ 此处输入一张成熟期的草莓图像，可以在右侧识别结果一栏中查看对

应的识别结果，同时可以通过拖动调整阈值的滑块，过滤置信度比较低的识别结果，如图 7-41 所示。根据输出的识别结果可以看到，当前的识别结果准确，且识别的置信度较高，满足应用场景的部署需求，若想要上传其他的图像，可重新单击“点击添加图片”按钮上传新的草莓图片校验。一般来说，模型的准确率可以无限接近 100%，但不宜过低或过高，精度过低容易导致模型识别结果较差，出现识别结果错误的情况。若精度过高，则容易出现只能识别训练集的数据，对于训练集以外的数据则会出现识别结果较差或识别不出来的情况。

图 7-41　查看识别结果

步骤四：模型部署与应用。

步骤四：模型部署与应用

① 在图像分类模型开发界面左侧导航栏中单击“发布模型”选项，进入发布模型界面，如图 7-42 所示。

② 在发布模型界面的选择模型项选择“草莓生长态势识别”选项，部署方式和选择版本项默认选择“公有云部署”和“V1”选项，模型服务名称可根据实际情况填写，此处可输入模型的名称，即“草莓生长态势识别”，接着在接口地址的文本框输入对应的接口地址，注意接口地址需要多于 5 个字符，但不能超过 20 个字符，且该接口地址不能与其他已发布的接口地址重复，其他需求可根据实际需求填写，接着单击“提交申请”按钮，如图 7-43 所示。

图 7-42 进入发布模型界面　　图 7-43 提交模型发布申请

③ 提交模型发布申请后，将自动跳转至公有云部署界面，在模型发布列表即可查看处于发布状态的草莓生长态势识别模型，等待片刻后重新刷新界面，可以看到模型服务状态为“已发布”，如图 7-44 所示。

图 7-44 查看模型服务状态

④ 单击图 7-44 的“服务详情”，在打开的界面接口地址一栏单击复制并保存图标复制模型的接口地址，用于后续编写代码向服务端发送请求，接着单击“控制台”，如图 7-45 所示。

⑤ 进入百度智能云控制台总览界面，单击左侧菜单栏的“公有云部署”下的“应用列表”选项，如图 7-46 所示。

⑥ 在应用列表界面单击“创建应用”按钮，进入创建新应用界面，如图 7-47 所示。

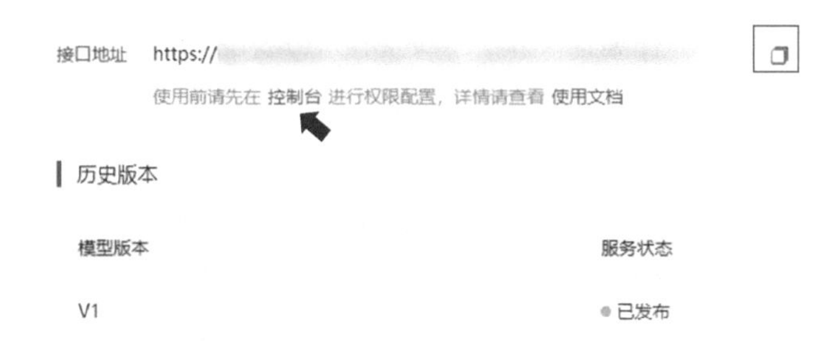

图 7-45　复制模型服务接口地址

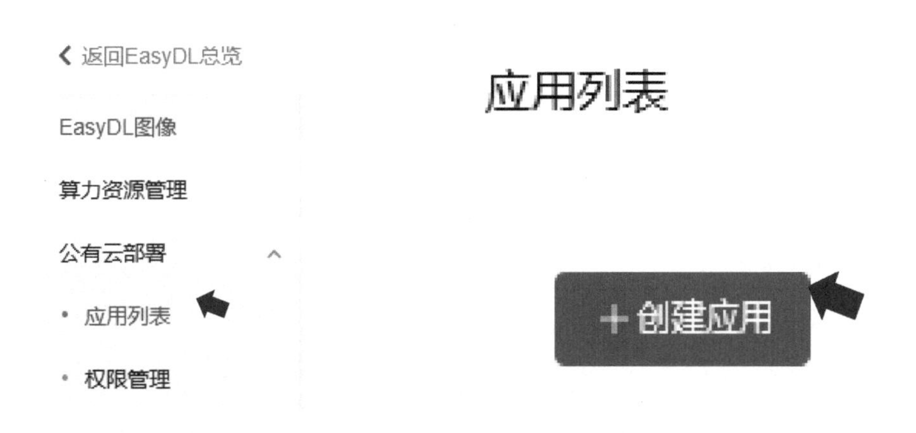

图 7-46　单击“列表界面”选项　　图 7-47　单击“创建应用”按钮

⑦ 进入创建新应用界面后，在应用名称项输入对应的名称，此处可输入“图像应用”，接口选择项默认即可，无需选择，如图 7-48 所示。

图 7-48　填写新应用名称

⑧ 在应用归属一栏选择“个人”选项，在应用描述输入该应用的应用场景，单击“立即创建”按钮完成新应用的创建，如图 7-49 所示。

图 7-49　单击“立即创建”按钮

⑨ 创建完毕的界面单击“查看应用详情”按钮，如图 7-50 所示，查看应用的相关信息。

图 7-50　单击“查看应用详情”按钮

⑩ 进入应用详情界面，即可查看调用草莓生长态势识别模型服务接口所需的 API Key 和 Secret Key 信息，单击 Secret Key 一栏下的“显示”选项查看详细信息，如图 7-51 所示。

图 7-51　查看应用详情

⑪ 获取到草莓生长态势识别模型服务接口地址和应用的相关信息后，返回人工智能交互式在线学习及教学管理系统，在人工智能在线实训即算法校验标签页中，单击右侧菜单栏“New”按钮下的“Python 3”选项，新建 Jupyter Notebook 文件。

⑫ 进入 Jupyter Notebook 开发界面后，编写 Python 代码，将一张草莓图像发送到草莓生长态势识别模型服务接口中识别，提取和输出识别结果。引入数据加载的 json 库，该库主要用于将网络请求返回的数据加载为可编辑的 json 数据格式，方便数据的提取，接着引入图片编码的 base64 库，该库的主要作用是对读取的图像数据进行 base64 编码，是一种网络传输时对图像加密的手段，最后引入发送请求所需的 requests 库，该库主要用于向指定的网址发送网络请求，代码如下。

```
# 引入所需库
import json # 数据加载
import base64 # 图片编码
import requests # 发送请求
```

⑬ 在代码块中输入上述代码后按下键盘“Shift+Enter”键即可运行该行代码，此代码为函数库的引入，因此没有任何输出。

⑭ 在调用草莓生长态势识别模型服务接口时，需要授权认证，即获取 Token，Token 在计算机系统中代表令牌（临时），拥有 Token 就代表拥有某种权限。为了获取 Token，需要通过 requests 库向授权服务地址发送申请 Token 的请求。

这里以 Post 的形式发送请求信息，信息包括授权服务地址与请求消息体两种。

授权服务地址方式，根据官方文档查询对应的网址。请求消息体通常以结构化格式发出，包括授权方式与应用信息。授权的方式根据官方文档可知，此处需要设置授权方式为客户端模式，即 client_credentials；应用信息包含 client_id 和 client_secret，分别对应图像应用的 API Key 和 Secret Key。

⑮ 了解 Post 请求所需信息之后，编写代码向百度云网址发送请求获取

Access Token，定义请求消息体params参数，用于后续发送Post请求时使用，代码如下。

```
# 设置请求消息体
params = {
        'grant_type': 'client_credentials',
        'client_id': ' 输入 API Key',
        'client_secret': ' 输入 Secret Key'
        }
```

⑯ 请求体参数设置完成后，使用 requests 的 post() 函数，将定义好的请求体发送到授权服务地址获取返回数据，并将其存储到 response 变量中，调用草莓生长态势识别模型服务接口主要需要的是 access_token，因此需要将返回的数据加载为 Json 格式数据，并提取出 access_token 数据到 Token 变量中，代码如下。

```
response = requests.post('https://aip.baidubce.com/oauth/2.0/token', data = params)
# 发送 post 请求
Token = response.json()['access_token'] # 提取响应信息中的 access_token


    print(Token) # 查看 access_token
```

⑰ 运行上述代码块后，即可输出授权服务地址返回 access_token 数据。

⑱ 获取到 access_token 数据后即可向草莓生长态势识别模型服务地址发送请求信息，调用模型识别草莓图片，这里同样以 Post 的形式发送请求信息，信息包括草莓生长态势识别模型服务地址与包含图片数据的消息请求体。

草莓生长态势识别模型服务地址，为模型发布时生成的链接；

请求消息体主要包括经过 base64 编码的图像数据，同时可对返回的分类数量进行设置，分类数量需要根据模型训练标签数量设置。

⑲ 了解 Post 请求所需信息之后，编写代码向草莓生长态势识别模型服务地址发送一张成熟期的草莓图片，如图 7-52 所示，获取到模型返回的识

别结果后输出数据。

图 7-52　待预测的草莓图片

⑳ 读取待预测的草莓图片，并使用 base64 库的 b64encode() 函数对图片编码，接着使用 decode() 函数将图片转换为标准的 UTF-8 编码格式，再将编码后的图片数据封装到请求体 p 变量中，代码如下。

```
with open('test.jpg', 'rb') as f: # 打开待预测图片
    img_data = f.read() # 读取图片数据
    base64_data=base64.b64encode(img_data)# 对图片数据进行 base64 编码
    base64_str = base64_data.decode('UTF8') # 指定编码格式为 UTF-8
p = {"image":base64_str} # 将经过编码的图片数据封装到请求体
```

㉑ 运用同样的方法，使用 Post 请求将草莓图片数据发送到草莓生长态势识别模型服务接口中识别，注意需要将 access_token 数据添加到草莓生长态势识别模型服务的接口地址中再发送请求，最后将返回的识别结果输出，代码如下。

```
url = ' 草莓生长态势识别模型服务地址 ?access_token=' + Token # 拼接 access_token 数据到模型服务接口地址
r = requests.post(url, json=p) # 发送 post 请求
print(r.json()) # 查看识别结果
```

㉒ 运行上述代码后可得到以下示例输出，可以看到草莓生长态势识别模型服务接口地址返回的数据中，包含用于定位问题的唯一标识 log_id 和

分类结果的数组 results，分类结果数组中则包含分类名称 name 以及置信度 score。

{'log_id': 59459964717195740, 'results': [{'name': ' 成 熟 期 ', 'score': 0.9704110026359558},
{'name':' 结果期 ','score':0.013804623857140541},{'name': ' 生长期 ','score': 0.00825425237417221},{'name':' 开花期 ','score':0.0075301253236830235}]}

此处可以看到模型识别结果准确，准确判断出草莓图片当前的生长态势为成熟期，且对应识别置信度最高，为 0.97，其余识别结果置信度较低，可以判断出该模型满足业务场景的应用需求。

第8章 智能农作物病虫害检测系统

农作物病虫害严重制约着农业生产，因为农作物病虫害种类多、密度大，极易造成农作物大量减产。同时由于传统人眼识别病虫害的方法速度较慢、准确度较低，会导致农药的滥用，破坏自然环境。如今随着精准农业和智慧农业概念的兴起和发展，利用信息技术辅助农业生产，实现对农作物病虫害的智能识别和检测，以减少不必要的农药喷施，在保护生态系统均衡、保障农作物安全生产、提高农作物的质量方面有着十分重要的促进作用。

【知识框架】

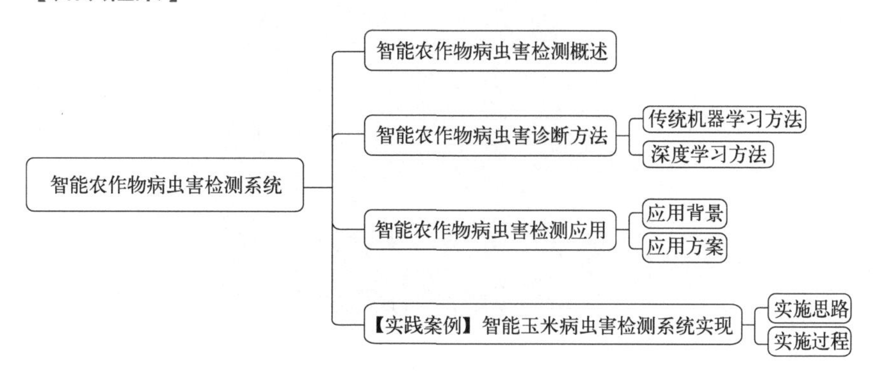

8.1　智能农作物病虫害检测概述

农作物病虫害是制约农业生产的重要灾害之一，可导致品质下降，产量降低或绝收。当前国际上病虫害使农作物潜在产量平均减少 40%，农作物病虫害造成的损失约为世界粮食生产总产量的十分之一。病虫害危害除降低产量外，对农产品品质也有严重影响，除影响外观、色泽和口味外，有些病菌还可产生毒性物质。

我国是农业生产大国，作物种类多，病虫害发生种类多、程度重、频次高、区域广，对我国农作物尤其是粮食作物安全生产造成较大威胁。病虫害由病害和虫害两部分组成，如图 8-1 所示。据《中国农作物病虫害》记载，我国农作物虫害超 800 种、病害超 700 种。

农作物病虫害的发生具有明显的无序性，表现为空间和时间上的随机、突发以及不稳定性。这些复杂的特点导致对其发生的预测、诊断、防治存在较大的困难，一旦暴发常常会带来毁灭性的后果，造成严重的损失。在防治病虫害过程中因施药不当，还会导致环境污染与食品污染，对人类食品安全构成威胁。因此，科学有效地降低病虫害的发生频度与强度意义重大。

图 8-1　常见农作物病虫害

农作物病虫害数据监测是农情监测系统的重要组成部分。智能农作物病虫害检测是利用人工智能技术对农作物进行病虫害检测的一种方式，先通过在田间安装摄像头、高光谱成像系统等设备，采集农田中的图像、环境数据等信息，再将这些数据输入到算法模型中，利用图像识别、机器学习等技术，对农作物是否受到病虫害的威胁进行判断、预测、分析和预警，如图 8-2 所示。

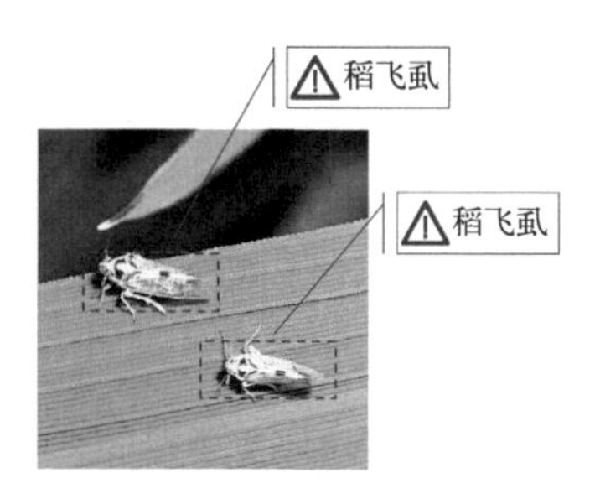

图 8-2　智能农作物病虫害识别

8.2　智能农作物病虫害诊断方法

智能农作物病虫害诊断方法

智能农作物病虫害诊断是指通过利用先进的人工智能技术对植物的生长状况、病征、虫害等进行观察和分析，确定植物受到了哪种病虫害的侵袭。智能农作物病虫害诊断常见的方法包括传统机器学习方法、深度学习方法等。

8.2.1　传统机器学习方法

在传统机器学习方法中，通常使用高光谱成像技术来获取农作物的染病信息，再通过经典图像处理技术和传统机器学习方法对农作物进行化学计量学分析，建立农作物病虫害检测模型。高光谱成像技术能够同时提取图像信息和光谱信息，如图 8-3 所示，前者可以直接反映农作物的外部表面缺陷，后者则能反映农作物内部物理结构和化学成分，因此高光谱图像的信息量非常丰富。

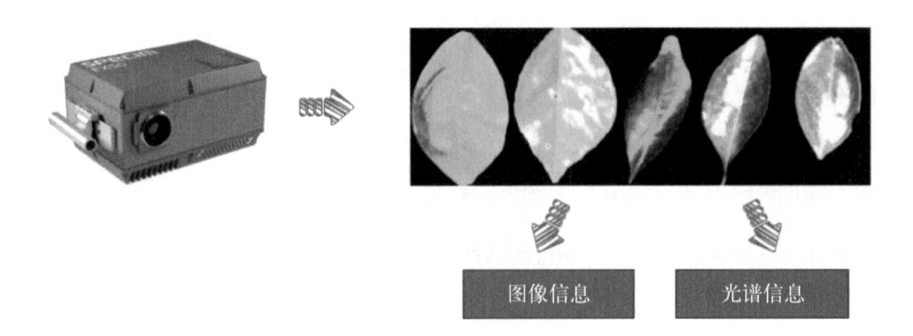

图 8-3 高光谱成像

然而高光谱成像设备的成本较高，且不同病虫害类型的光谱响应波段不尽相同，如图 8-4 所示，故对不同植物不同病虫害的鉴别方法有所不同。目前，高光谱鉴别植物病虫害方面的研究取得了一定进展，在水稻、小麦、棉花、番茄、苹果等作物的主要病害的研究方面已经逐渐成熟，但在将来建立比较全面的植物病虫害光谱特征和鉴别模型数据库的道路上，这只是起步阶段，未来任重而道远。植物种类、病虫害种类都还留有巨大空白，等待人们探索。

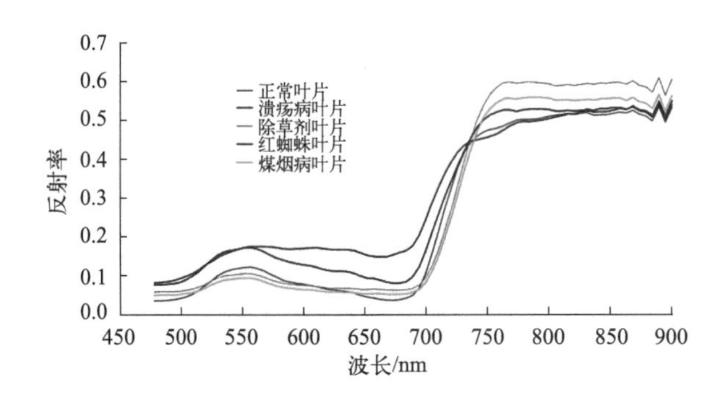

图 8-4 不同病虫害的光谱响应波段

8.2.2 深度学习方法

深度学习方法可以自动提取农作物病虫害图像的特征，在可见光范围内即可对农作物病虫害进行快速无损识别，无需采用高光谱成像技术，准确性更高、检测速度更快、稳定性更好。如基于 CaffeNet 卷积神经网络可识别 13 种农作物病虫害叶片数据；基于 Faster R -CNN 卷积神经网络不仅可以分辨葡萄病虫害的种类，同时还可以输出目标检测的位置信息。

利用深度学习技术模型来识别农作物病虫害图像具有一定的可行性，但这些模型仍然存在一定的局限性，如新模型并不能有效针对各个地区的农作物病虫害进行识别。一方面是因为训练模型的数据集中只含有一部分地区的病虫害样本；另一方面，大部分模型都只能对某一种特定的病虫害进行单一的识别，且对样本图像的拍摄标准有一定的要求。如果一个识别模型只能识别单一种类的农作物病虫害图像，而该模型遇到其他种类病虫害就无法准确识别出正确结果，很难依靠大数据平台达到实用化水平。因此，未来可以从建立病虫害数据库、扩大数据库规模、训练高性能神经网络等方面进行研究。

8.3 智能农作物病虫害检测应用

智能农作物病虫害检测应用

智能农作物病虫害检测应用是一种基于人工智能技术的智能化解决方案，旨在帮助农民更好地管理和监控农作物的健康状况。该系统由硬件设备和软件算法程序组成，能够自动分析数以万计的农作物图像，并准确诊断出病虫害类型和程度。

8.3.1 应用背景

传统的农作物病虫害监测主要是靠人进行实地观察，发生的病虫害种类和程度的识别，需要农民携带网兜、粘板等工具下田，经过观察、巡视、采集、诊断、计数等多个环节，存在人工成本高、效率低、易出错等问题，如图 8-5 所示。应用于病虫害防治的农药处方方案，包括农药配比、喷洒方法等技术，需要依赖技术书籍和历史经验，由专家来决策，监测和决策的结果因人而异，因此病虫害的防治效果差，不利于农业现代化、产业化和绿色化的发展方向。

图 8-5　传统农作物病虫害检测方式

如何利用新一代信息技术实现科学的农作物病虫害监测及防治，则是亟待解决的技术问题。随着人工智能技术的不断发展，计算机视觉、机器学习算法等技术在农作物病虫害检测领域逐渐发展应用，为农作物病虫害的准确快速识别提供了新的途径。

8.3.2　应用方案

在上述背景下，可以借助百度 AI 开发一套智能虫情测报系统，与传统的人工识别方法相比，该系统在农作物病虫害检测领域的应用体现为更高效、更智能、更环保的特点。该系统的实现流程如图 8-6 所示。

首先采集农作物的图像数据，通过摄像机和农药检测仪等传感器，在农田中实时监测温度、湿度、气压等环境因素，农作物的生长情况等，收集相关图像数据；然后进行智能识别，利用计算机视觉等技术对图像进行智能病虫害识别和农药识别处理，获得病虫害种类、程度等信息以及农药残留成分浓度信息，并将预测分析的结果传输到数据库；接着进行信息融合处理，依据病虫害特征数据库、农药特征数据库、病虫害防治历史数据库、农药使用历史数据库、病虫害防治知识库和农药知识库里的信息和知识，进行信息融合处理，获取病虫害发生状况、发展状况、抗药性等综合相关信息；最后进行知识推理智能决策，根据分析得到的结果，有针对性地调整农药、化肥配比与投放，有效进行虫害防控，生成最佳的病虫害防治农药处方，达到农作物病虫害的自动监测和科学防治的目的。

图8-6　智能虫情测报系统实现流程

通过类似的农作物病虫害智能化监测站，能够实时监测农业生产中所要关注的墒情、苗情、虫情、灾情等情况，并实现自动预警，有效缩短病虫测报周期，大幅提升精准监测、科学防控和灾害预警水平。通过这些监测设备，可以足不出户，通过电脑或手机 App 能随时查看数据，实时了解农田病虫害、土壤墒情、土壤温湿度、作物生长等情况。智能监测站点建设成为病虫害监测预报的“千里眼”和“听诊器”，不仅提升了植保信息化水平，也推动了农业绿色发展。

近年来，智能农作物病虫害检测技术已经得到了广泛的应用，并成为农业生产领域中不可或缺的一部分。智能农作物病虫害检测方法与传统的检测方法相比，其过程需要依靠大量的数据和算法模型，但它可以快速、准确地对农作物进行病虫害检测，提高农业生产效率和质量，具有高效率、低成本、更加准确的检测结果以及对环境和健康的保护等多重优势，大幅度提高了农业生产的自动化程度。

8.4 【实践案例】智能玉米病虫害检测系统实现

8.4.1 实施思路

智能玉米病虫害检测系统实现

当前已经介绍了智能农作物病虫害的相关知识、病虫害诊断以及对应的检测方法、智能农作物病虫害检测系统开发的流程，接下来将通过“智能玉米病虫害检测系统实现”案例，使用EasyDL零门槛AI开发平台对带有病害的玉米图片进行模型训练，并将其发布为本地部署的方式进行应用，最后启动模型服务进行模型应用的测试，实现输入一张带有病虫害的玉米图片，能够返回图片中病虫害的检测框位置信息。本案例使用的数据集为带有病虫害的玉米图片数据，数据集文件中包含存放带有病虫害的玉米图片的文件夹，以及病虫害对应检测框位置信息的文件夹，共有11张图片数据，75个检测框信息，检测框的标签为infected。

案例实现思路如下：

（1）数据准备

将人工智能交互式在线学习及教学管理系统的玉米病虫害检测数据集下载至本地，在EasyDL零门槛AI开发平台中创建数据集并将下载的数据导入，用于后续进行模型训练。

（2）模型训练

创建玉米病虫害检测模型，并对模型训练进行配置，使用导入的数据集对模型进行训练。

（3）模型校验

将训练好的模型启动校验服务，使用一张玉米病虫害图片对模型性能进行测试校验，验证识别结果准确性，若识别结果较差可重新进行模型训练。

（4）模型本地部署与应用

将校验识别准确的模型发布为本地部署，将部署包下载到客户端并启动模型服务，编写 Python 代码，将一张待识别的带有病虫害玉米图片发送到模型服务接口中进行识别并输出识别结果。

8.4.2 实施过程

步骤一：数据准备。

① 登录人工智能交互式在线学习及教学管理系统，在控制台界面中单击“人工智能在线实训及算法校验”选项下的“启动”按钮，即可进入 Jupyter Notebook 开发界面。

② 在 Jupyter Notebook 开发界面中，可以看到本案例所用的玉米病虫害检测数据集文件 dataset.zip，勾选数据集文件前的复选框，单击“Download”按钮将数据集文件下载至本地，如图 8-7 所示。

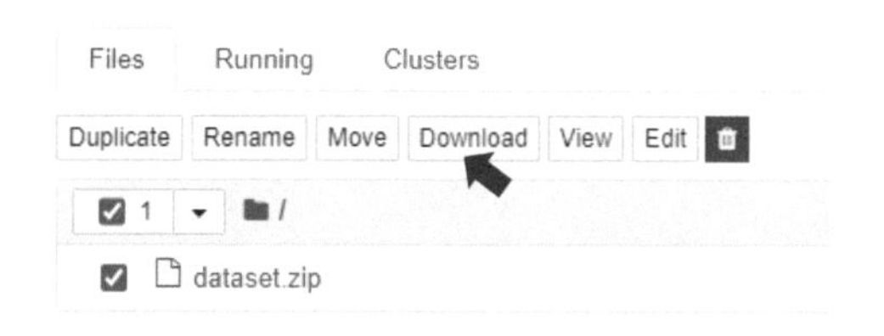

图 8-7 下载数据集文件

③ 玉米病虫害检测数据集压缩文件 dataset.zip 中，包含“Image”和“Annotations”两个文件夹，Image 文件夹下存放着带病虫害的玉米图片数据，Annotations 文件夹下则存放着对应病虫害检测框的位置信息文件，其中带有病虫害的玉米图片数据如图 8-8 所示。

④ 数据集下载完成后，单击“控制台”标签页返回控制台界面，在控制台界面中单击“百度 EasyDL”选项下的“启动”按钮，即可进入 EasyDL 零门槛 AI 开发平台。

⑤ 在 EasyDL 零门槛 AI 开发平台界面中，单击“立即使用”按钮。

⑥ 在“选择模型类型”的弹窗中，单击“物体检测”选项，如图 8-9 所

示，进入物体检测模型开发界面。

图 8-8　带有病虫害的玉米图片

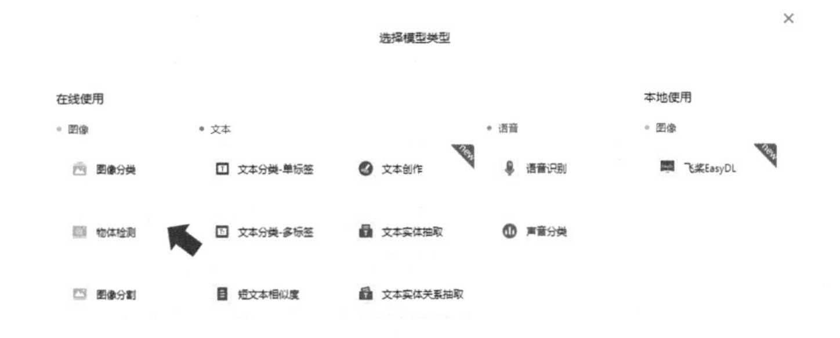

图 8-9　选择模型类型

⑦ 在物体检测模型开发界面左侧的导航栏中，单击“数据总览”选项，进入数据总览界面，然后单击“创建数据集”按钮，进入创建数据集界面。

⑧ 进入创建数据集的界面后，在数据集名称一栏填写本次案例的数据集名称，此处填写“玉米病虫害检测数据集”，数据类型默认为图片，数据集版本为 V1，标注类型为图像分类，标注模板为选择“矩形框标注”选项，填写完成后，单击“完成”按钮，如图 8-10 所示。

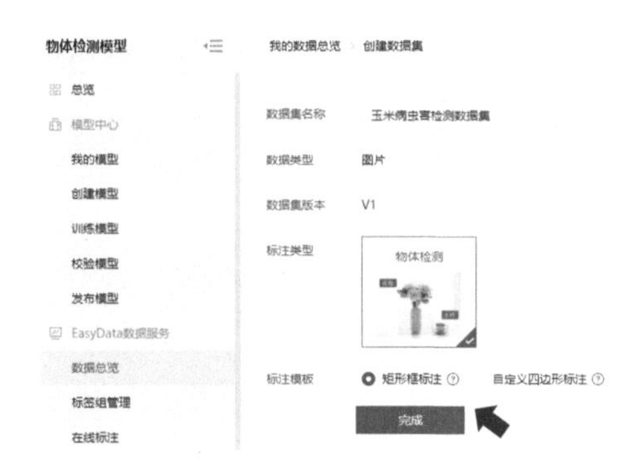

图 8-10　创建数据集

⑨ 单击“完成”按钮，即可自动返回至数据集总览界面，看到创建完成的玉米病虫害检测数据集，接着在操作一栏下单击“导入”，如图 8-11 所示，进入数据集导入界面。

图 8-11　单击“导入”选项

⑩ 在数据集导入界面的导入数据一栏选择“有标注信息”选项，导入方式一栏选择“本地导入”-“上传压缩包”，标注格式选择“json（平台通用）”选项，接着单击“上传压缩包”按钮，如图 8-12 所示。

图 8-12　填写数据集信息

⑪ 在“上传压缩包”弹窗中，单击“已阅读并上传”按钮，选择下载好的玉米病虫害检测数据集后上传，如图 8-13 所示。

图 8-13　单击“已阅读并上传”按钮

⑫ 选择数据集进行上传并等待片刻后，即可看到上传完成的数据集压缩包文件 dataset.zip，接着单击“确认并返回”按钮，如图 8-14 所示。

图 8-14　单击“确认并返回”按钮

⑬ 单击“确认并返回”按钮后，即可回到数据总览界面查看数据上传进度，等待片刻后即可看到上传完成的玉米病虫害检测数据集，其中数据量为 11 张图片，标注状态为 100%，如图 8-15 所示。

玉米病虫害检测数据集　数据集组ID:

版本	数据集ID	数据量	最近导入状态	标注类型	标注模板	标注状态
V1	1800470	11	已完成	物体检测	矩形框标注	100% (11/11)

图 8-15　查看上传的数据集

⑭ 数据集上传完成后，可单击数据集操作一栏下的“查看与标注”选项，如图 8-16 所示，即可查看上传的数据集图片及标注信息。

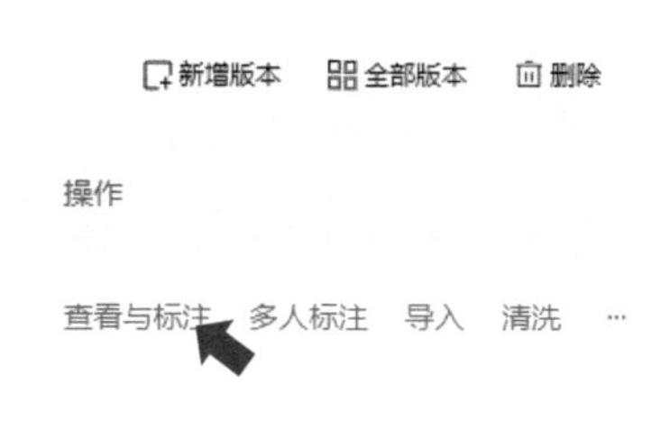

图 8-16　单击“查看与标注”选项

⑮ 在数据集查看界面可以看到数据集的标签、对应标签的数据量以及图片数据，如图 8-17 所示，共有 75 个检测框，对应的标签名为 infected。

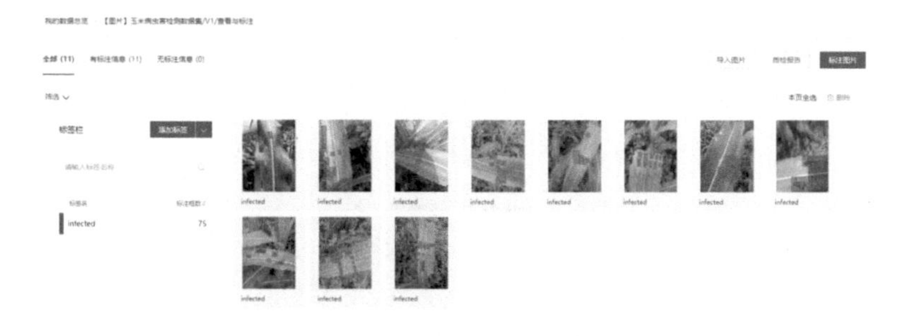

图 8-17　查看数据标注情况

步骤二：模型训练。

① 玉米病虫害检测数据集上传完成后，接着可以创建模型对数据进行训练。在物体检测模型界面左侧的导航栏中单击“创建模型”选项，如图 8-18 所示，进入创建模型界面。

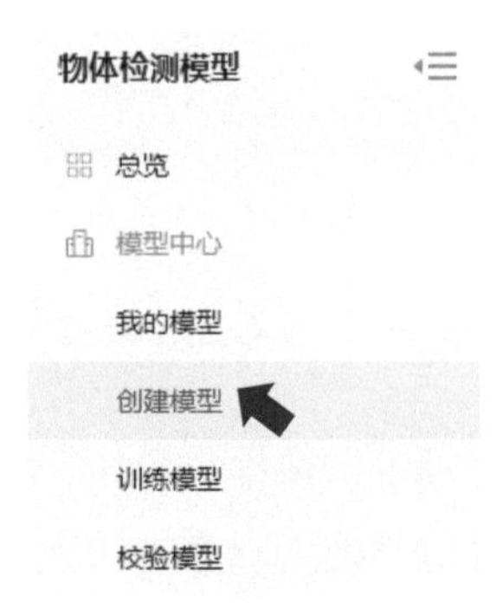

图 8-18 单击“创建模型”选项

② 进入创建模型界面后，标注模板项选择“矩形框”选项，接着在模型名称项输入“玉米病虫害检测”，最后在业务描述中填写模型的业务描述，个人信息项若填写过则会默认填写，若未填写则可按实际情况填写。填写完创建模型的相关信息后，即可单击“完成并训练”按钮，如图 8-19 所示。

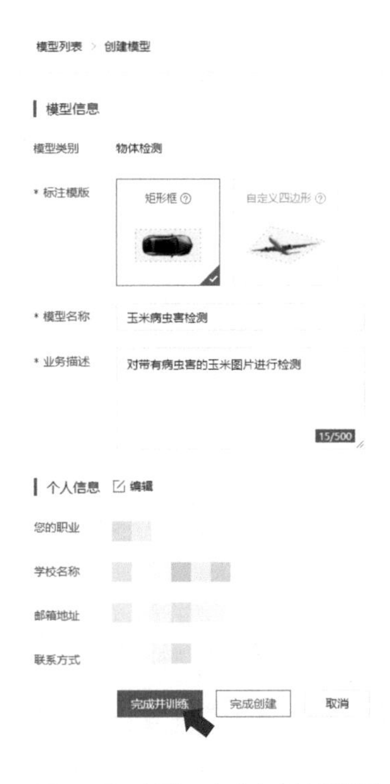

图 8-19 创建玉米病虫害检测模型

③ 进入训练模型界面后，训练模型项默认选择“玉米病虫害检测”，半监督训练项的按钮默认不打开，若开启则将未标注的数据也加入训练，提高模型的泛化能力，由于数据集中没有未标注的数据，因此默认不打开该选项。接着在添加数据集项单击“请选择”按钮，即可在弹出的窗口中选择上传的数据集，如图 8-20 所示。

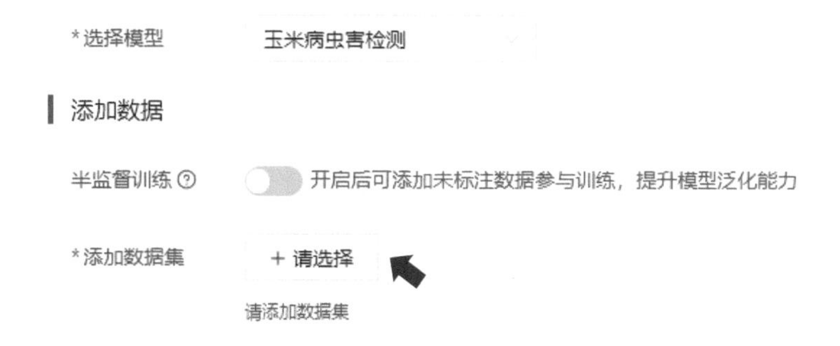

图 8-20　添加数据集

④ 在弹出的添加数据集窗口中的“可选项”一栏中勾选“玉米病虫害检测数据集 V1”复选框，可在“已选项”一栏查看选择数据集及对应的标签，如图 8-21 所示，接着单击“确定”按钮。

图 8-21　添加数据集

⑤ 自定义验证集和自定义测试集默认不进行配置，数据增强策略选择“默认配置”选项，若有其他项目需求，可根据官方文档说明进行配置，如图 8-22 所示。

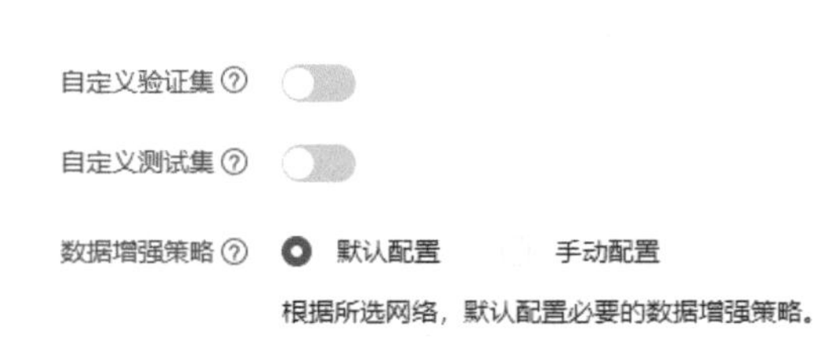

图 8-22 数据集配置

⑥ 在训练配置面板中，部署方式选择“EasyEdge 本地部署”选项，接着在选择设备项选择“通用小型设备”选项，后续可将该模型部署到指定的设备上进行使用。在训练方式项选择“常规训练”选项，增量训练项默认不进行配置，在选择算法项选择“通用算法”选项和“超高精度”选项，也可根据项目实际需求进行选择，如图 8-23 所示。

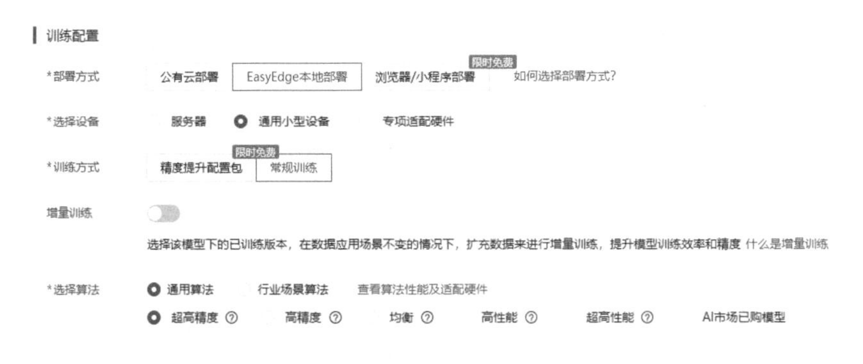

图 8-23 模型训练配置

⑦ 训练配置选择完成后，接着在训练环境中选择“GPU P4”选项，训练设备数默认为 1，配置完成后单击开始训练按钮。

⑧ 模型开始训练后，将自动返回至模型列表界面，可以看到模型部署方

式为“本地部署 - 通用小型设备”，后续可以将模型部署到小型设备上进行调试。由图 8-24 可知当前的训练状态为排队中，等待片刻后即可进入训练状态。

创建模型
模型训练已开始，关闭页面不影响训练
全部模型
【物体检测】玉米病虫害检测
模型ID:
训练
··· 更多
部署方式
版本
训练状态
训练时长
服务状态
模型效果
操作
本地部署-通用小型设备
V1
排队中
查看版本配置
终止训练

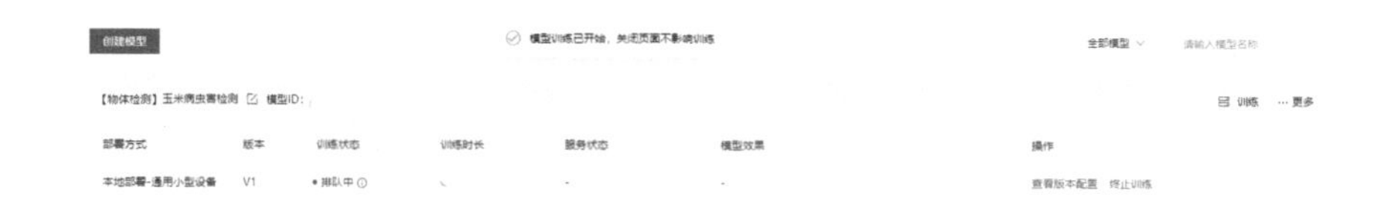

图 8-24　查看模型训练状态

⑨ 大约等待 10 多分钟后，即可看到模型的训练状态为“训练完成”，且模型效果一栏下，模型的 mAP 值为 86.91%，精确率为 100%，召回率为 70%，如图 8-25 所示，接下来便可查看模型的评估结果。

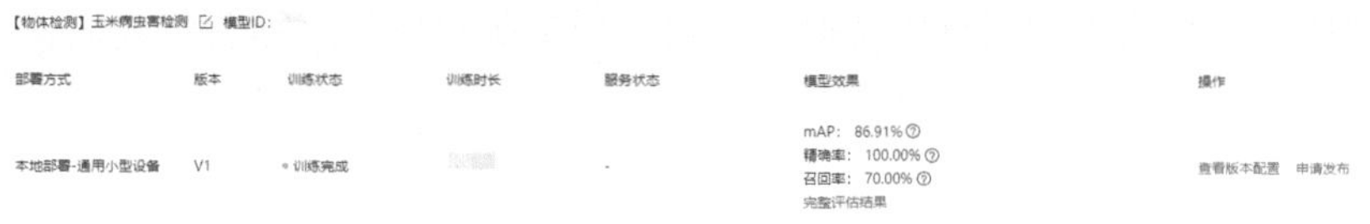
【物体检测】玉米病虫害检测
模型ID:
部署方式
版本
训练状态
训练时长
服务状态
模型效果
操作
本地部署-通用小型设备
V1
训练完成
mAP: 86.91%
精确率: 100.00%
召回率: 70.00%
完整评估结果
查看版本配置
申请发布

图 8-25　查看模型训练完成状态

步骤三：模型校验。

① 模型训练完成后，需要对模型的训练效果进行验证，但由于本地部署的训练方式无法对模型进行直接的验证，因此可以通过查看模型的完整评估结果对模型进行初步判断，可以单击模型效果一栏下的“完整评估结果”选项进行查看，如图 8-26 所示。

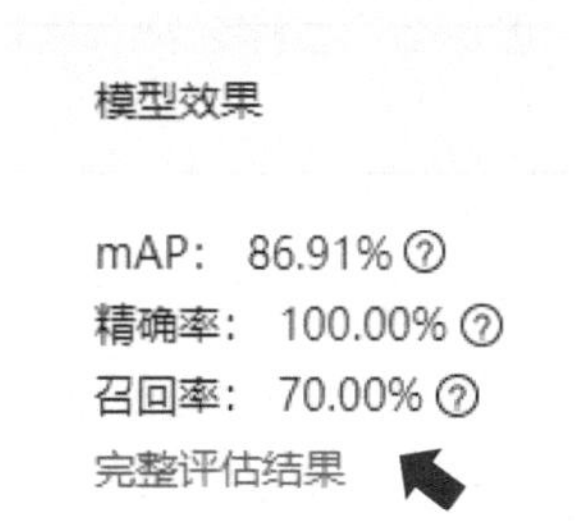
模型效果
mAP: 86.91%
精确率: 100.00%
召回率: 70.00%
完整评估结果

图 8-26　单击“完整评估结果”选项

② 模型评估报告如图 8-27 所示，从整体评估结果可以看到基本的结论为：玉米病虫害检测 V1 效果优异，可以判断出模型的效果较优，基本满足模型部署要求，若想继续提高模型的精度则可针对识别错误的图片示例继续优化。

图 8-27 查看模型整体评估

③ 在模型调优建议页面可以看到对于模型优化提出的相关建议，包括受影响指标、影响程度、根因分析以及对应的调优对策，可以根据实际情况对模型进行调优，如图 8-28 所示。

模型调优建议

归因粒度 基于整个模型 基于单个标签

序号	受影响指标	影响程度	根因分析	调优对策
1	准确率	高	"目标框长宽比"对"准确率"的效果有"较大"影响,不同特征区间的"准确率"方差达到"0.2104"	尝试更高精度的模型，或在bml中尝试小目标识别或更多调优策略。
2	漏检率	高	"目标框长宽比"对"漏检率"的效果有"较大"影响,不同特征区间的"漏检率"方差达到"0.2104"	尝试更高精度的模型，或在bml中尝试小目标识别或更多调优策略。
3	准确率	高	"目标框大小"对"准确率"的效果有"较大"影响,不同特征区间的"准确率"方差达到"0.2027"	尝试更高精度的模型，或在bml中尝试小目标识别或更多调优策略。
4	漏检率	高	"目标框大小"对"漏检率"的效果有"较大"影响,不同特征区间的"漏检率"方差达到"0.2027"	尝试更高精度的模型，或在bml中尝试小目标识别或更多调优策略。
5	准确率	高	"亮度"对"准确率"的效果有"较大"影响,不同特征区间的"准确率"方差达到"0.063"	在【添加数据】->【数据增强策略】中配置"Brightness"进行增强。

图 8-28 查看模型调优建议

步骤四：模型本地部署与应用。

步骤四：模型本地部署与应用

① 接下来发布玉米病虫害检测模型，以得到模型的 SDK 部署包，最后将模型 SDK 部署到指定的设备上，并通过序列号激活 SDK 启动服务，此处以 Windows 系统的设备为例，使用 SDK 自带的可视化界面和编写 Python 代码实现玉米图

片的病虫害检测。在物体检测模型开发界面左侧导航栏单击“发布模型”选项，进入发布模型界面，选择模型项选择“玉米病虫害检测”选项，部署方式选择“EasyEdge 本地部署”选项和“通用小型设备”选项，选择版本项选择“V1”，集成方式选择“SDK- 纯离线服务”选项，如图 8-29 所示。接着单击“发布”按钮跳转至发布新服务界面。

图 8-29 提交模型发布

② 在发布新服务界面中，选择模型默认选择“玉米病虫害检测”选项，选择版本默认选择最新版本，此处只进行了一次训练故为“V1”，接着在选择系统和芯片项单击“Windows”选项前的“+”按钮展开，单击子选项的“通用 x86 芯片”选项，在弹出的模型加速项选择不同推理效果的模型部署包，此处可将所有的部署包全部勾选，后续可根据具体需求选择部署包进行部署应用，勾选完成后单击“发布”按钮进行发布，如图 8-30 所示。

③ 单击完“发布”按钮后，将会自动跳转至物体检测模型的纯离线服务界面，在通用小型设备选项的界面，可以看到发布中的玉米病虫害检测模型，如图 8-31 所示。

④ 等待片刻后，即可看到陆续发布完成的 SDK 部署包，如图 8-32 所示，接着可以单击操作一栏下的下载选项将对应的 SDK 下载至本地，此处选择基础版 SDK 下载。

图 8-30 发布新服务

服务器 通用小型设备 专项适配硬件

模型名称	发布版本	应用平台	模型加速	发布状态	发布时间	操作
玉米病虫害检测	318678-V1	通用x86芯片-Windows	基础版	发布中	[illegible]	下载SDK
			精度无损压缩加速	发布中	[illegible]	下载加速版SDK
			精度微损压缩加速-中	发布中	[illegible]	下载加速版SDK
			精度微损压缩加速-强	发布中	[illegible]	下载加速版SDK
			精度微损压缩加速-超强	发布中	[illegible]	下载加速版SDK

图 8-31 查看模型发布状态

模型名称	发布版本	应用平台	模型加速	发布状态	发布时间	操作
玉米病虫害检测	318678-V2 查看性能报告	通用x86芯片-Windows	基础版	已发布	2023-03-15 15:48	下载SDK
			精度无损压缩加速	已发布	2023-03-15 15:49	下载加速版SDK
			精度微损压缩加速-中	发布中	2023-03-15 15:45	下载加速版SDK
			精度微损压缩加速-强	发布中	2023-03-15 15:45	下载加速版SDK
			精度微损压缩加速-超强	发布中	2023-03-15 15:45	下载加速版SDK

图 8-32 下载 SDK 部署包

⑤ 此处发布和下载的 SDK 均为未授权的 SDK，需要在百度智能云的控制台中获取序列号激活后才能正式使用。在纯离线服务界面中单击通用小型

设备一栏下的“获取序列号”选项，即可跳转至百度智能云控制台获取序列号，如图 8-33 所示。

服务器　通用小型设备　专项适配硬件

1.此处发布、下载的SDK为未授权SDK，需要前往控制台获取序列号激活后才能正式使用。SDK内附有对应版本的Demo及开发文档，开发者可参考源代码完成开发。

2.此处下载的SDK作为整体使用，请勿替换或更改SDK中的文件和

图 8-33　单击“获取序列号”选项

⑥ 跳转至百度智能云控制台界面后，首先使用百度账号登录进入平台，接着在设备端纯离线服务界面的按单台设备激活一栏下，单击“新增测试序列号”按钮，即可创建 SDK 激活所需的序列号，如图 8-34 所示。

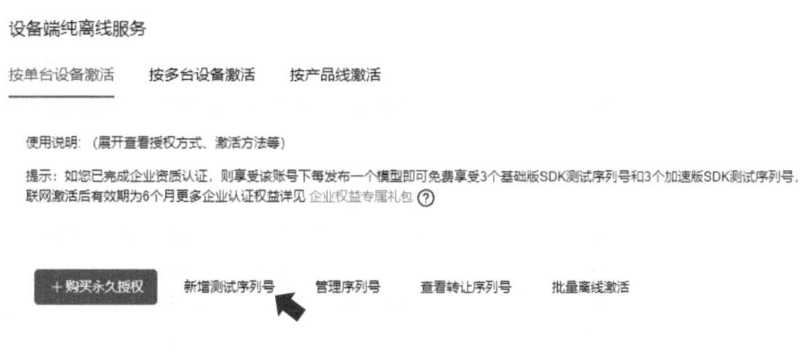

图 8-34　单击“新增测试序列号”

⑦ 在弹出的新增序列号窗口的序列号类型项选择与要激活的 SDK 相匹配项，分别有“基础版”和“加速版”选项，由于此处下载的 SDK 为基础版，此处选择“基础版”选项。新增设备数量为创建的序列号个数，可根据实际情况填写，此处填写为 1，即创建一个序列号，如图 8-35 所示，最后单击“确定”按钮完成序列号的创建。

⑧ 单击确定按钮后即可看到新增的序列号，每个序列号只可在一台设备上激活 SDK，且首次激活后，序列号有效期为 90 天，如图 8-36 所示。若序列号过期可申请延期，注意保存序列号，后续需要使用该序列号激活 SDK。

⑨ 获取到玉米病虫害检测模型 SDK 和序列号之后，接下来即可将模型

部署至对应的设备上应用。以 Windows 系统部署为例，首先将下载的基础版玉米病虫害检测模型 SDK 解压，可以在解压出来的文件中看到已经集成好的模型本地部署应用程序，对应的文件名为 EasyEdge.exe，如图 8-37 所示，双击运行该应用程序即可启动模型的本地部署服务。

图 8-35　新增序列号

图 8-36　序列号新增成功

图 8-37　SDK 部署包文件结构

⑩ 在打开的应用程序窗口中，可以看到模型本地部署的相关配置信息，如图 8-38 所示，其中 Model 为模型的 id、名称信息即版本号；Serial Num 为激活 SDK 所需的序列号，即在百度智能云控制台获取到的序列号；Host 为启动服务设备的 IP 地址，若为设备本机，则设置为 127.0.0.1；Port 为模型启动本地部署服务后的端口号，注意不能与已启动的服务端口冲突，若启动多

个服务，需要修改对应的服务端口。配置完成后，单击“启动服务”按钮，即可启动模型本地部署服务。

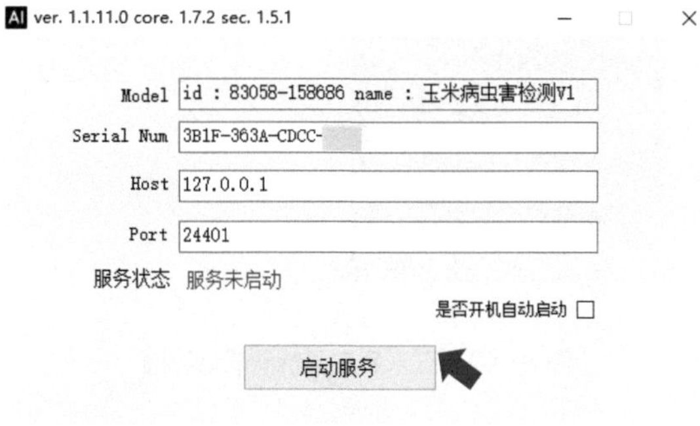

图 8-38　启动模型本地部署服务

⑪ 模型本地部署服务启动完成后，可在服务状态看到“服务运行中”字样，如图 8-39 所示，即表示模型本地部署服务启动完成，接着单击“服务运行中”，即可在浏览器中打开该 SDK 自带的调试界面。

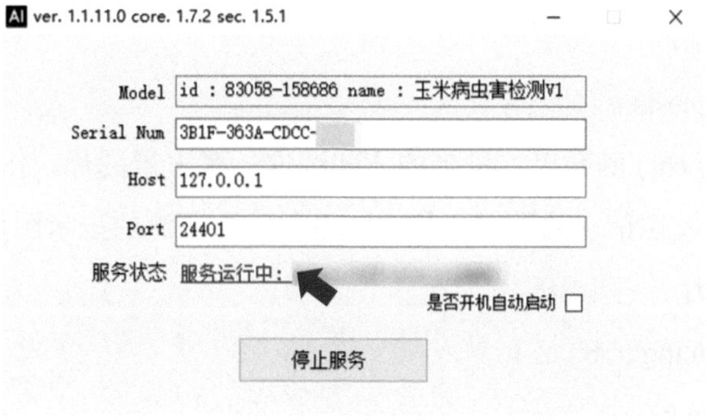

图 8-39　查看模型服务状态

⑫ 进入玉米病虫害检测 SDK 自带的调试界面之后，可以上传并检测带有病虫害的玉米图片，查看病虫害的检测结果，如图 8-40 所示，从中可以看到模型对于玉米病虫害的位置检测准确，检测结果效果较好。

⑬ 编写 Python 程序，向启动的模型服务接口发送玉米图片数据进行病

【物体检测】 EasyEdge 玉米病虫害检测V1

图 8-40 玉米病虫害检测调试界面

虫害的检测，并返回识别结果。返回人工智能交互式在线学习及教学管理系统，在人工智能在线实训及算法校验标签页中，单击右侧菜单栏“New”按钮下的“Python 3”选项，新建 Jupyter Notebook 文件。

⑭ 进入 Jupyter Notebook 开发界面后，首先引入发送请求所需的 requests 库，该库主要用于向本地部署的玉米病虫害检测模型发送网络请求，代码如下。

```
# 引入所需库
import requests # 发送请求
```

⑮ 使用 open() 函数以二进制的方式读取一张玉米图片，作为后续向本地部署模型服务发送请求的数据，其中ym.jpg为待预测的玉米图片，代码如下。

```
# 读取预测图片
with open('./ym.jpg', 'rb') as f:
    img = f.read()
```

⑯ 读取玉米图片数据后，接着封装调用模型所需置信度参数信息，该参数设置目的在于过滤置信度较低的结果，此处设置的置信度阈值可以根据模型评估报告中的详细评估设定，代码如下。

```
# 封装请求体
p = {'threshold': 0.1}
```

⑰ 请求体封装完成后，使用 requests 库的 post() 函数，将图片数据和请求体发送到本地部署模型服务接口中进行识别，最后将返回的识别结果使用 json() 函数加载，方便后续数据的提取，代码如下。

```
# 发送请求
response = requests.post('http://127.0.0.1:24401/', params=p, data=img).json()
```

⑱ 获取到返回的数据之后，提取数据中的识别结果数组，并将其存放到 results 变量中，代码如下。

```
# 提取识别结果
results = response['results']
```

⑲ 为了方便查看识别结果，可以使用 for 循环依次遍历识别结果，提取并依次输出病虫害的标签名称、识别置信度和病虫害检测框的位置信息，代码如下。

```
# 遍历输出识别结果
for r in results:
    label = r['label'] # 提取标签名称
    confidence = r['confidence'] # 置信度
    location = r['location'] # 位置信息
    # 输出数据
    print(' 标签为：', label)
    print(' 置信度为：', confidence)
    print(' 位置信息为：', location)
    print('*'*30)
```

⑳ 代码编写完成后保存，单击 Jupyter Notebook 菜单栏“File”选项，在其下拉框中选择“Download as”选项，单击其“Python（.py）”选项，如图 8-41 所示，将代码文件下载为 Python 文件并保存到本地，后续可以将代码文件存放到客户端设备用来测试。

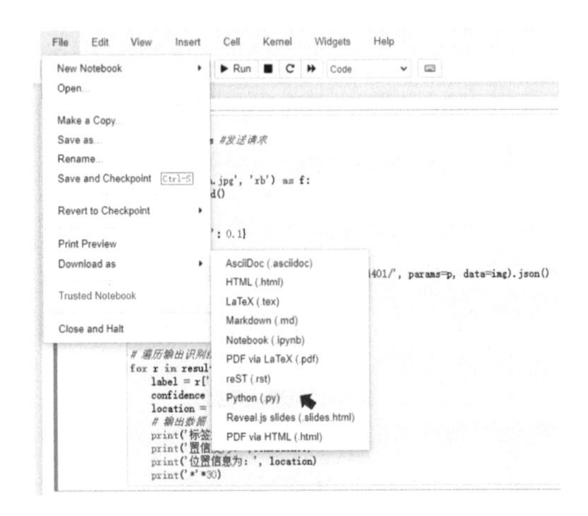

图 8-41 下载代码文件

㉑ 代码文件下载完成后，单击 Jupyter Notebook 菜单栏中的 TringAI 图标返回文件根目录，如图 8-42 所示。

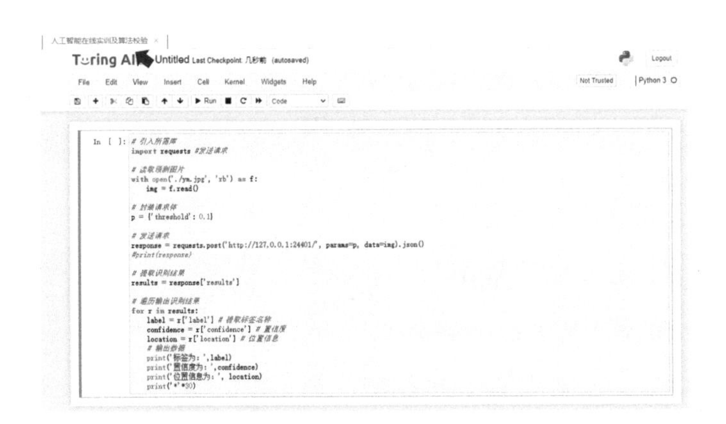

图 8-42 返回文件根目录

㉒ 在文件目录中，勾选 ym.jpg 文件前的复选框，并单击“Download”按钮将待预测的玉米图片数据下载到本地，如图 8-43 所示。

㉓ 代码文件和预测图片下载完成后，接着将两个文件存放到客户端设备的同一文件夹内，如图 8-44 所示。

图 8-43　下载待预测玉米图片

图 8-44　存放代码文件和预测图片

㉔ 文件存放完成后，接着在文件夹内按住键盘 Shift 键并单击鼠标右键，在快捷菜单选择“在此处打开 Powershell 窗口（S）”选项，如图 8-45 所示，即可打开终端命令行窗口。

图 8-45　选择“在此处打开 Powershell 窗口（S）”选项

㉕ 在打开的终端命令行窗口输入“Python. \ Untitled.py”即可运行预测的代码文件，将带有病虫害的玉米图片发送到本地部署的模型服务接口中预测，输出识别结果，如图 8-46 所示。根据输出的结果可以看出，识别出的标签为 infected，与原数据集的标注标签一致，且检测出的病虫害置信度较高，表明模型识别效果较好。注意：部署的客户端设备需要安装 Python3.x 版本的 IDLE 工具，并安装 requests 库才能够正常运行代码文件并输出识别结果。

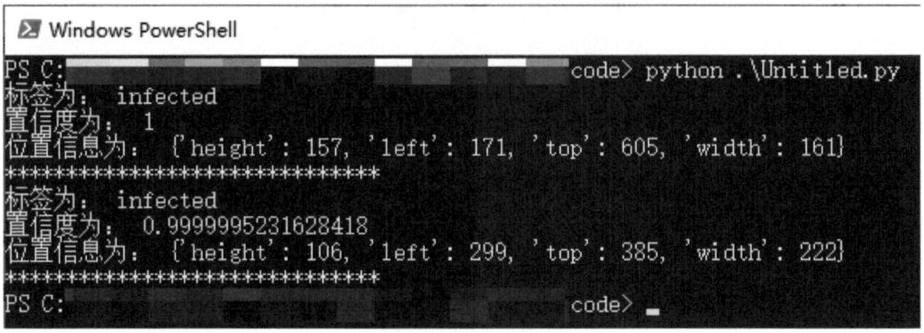

```
Windows PowerShell
PS C:                              code> python .\Untitled.py
标签为： infected
置信度为： 1
位置信息为： {'height': 157, 'left': 171, 'top': 605, 'width': 161}
******************************
标签为： infected
置信度为： 0.9999995231628418
位置信息为： {'height': 106, 'left': 299, 'top': 385, 'width': 222}
******************************
PS C:                              code>
```

图 8-46　查看输出结果

参考文献

[1] 滕桂法 . 智慧农业导论 [M]. 北京：高等教育出版社，2021.

[2] 谢能付，曾庆田，马炳先 . 智能农业——智能时代的农业生产方式变革 [M]. 北京：中国铁道出版社，2020.

[3] 张慧娜 . 智慧农业概论 [M]. 北京：中国农业大学出版社，2022.

[4] 谭铁牛 . 人工智能 [M]. 北京：中国科学技术出版社，2019.

[5] 王海宾 . 人工智能基础与应用 [M]. 北京：电子工业出版社，2021.

[6] 李晓鹏 . 人工智能 [M]. 天津：天津科学技术出版社，2021.

[7] 罗朝喜 . 智慧植保 [M]. 北京：高等教育出版社，2023.

[8] 李林 . 植物大数据技术与应用 [M]. 北京：高等教育出版社，2023

[9] 姜勋平 . 智慧牧场 [M]. 北京：高等教育出版社，2023

[10] 何勇 . 智慧农业 [M]. 北京：科学出版社，2023

[11] 周越 . 人工智能基础与进阶 [M].2 版 . 上海：上海交通大学出版社，2022.

[12] 韩雁泽，刘洪涛 . 人工智能基础与应用（微课版）[M]. 北京：人民邮电出版社，2021.

[13] 宋楚平，陈正东 . 人工智能基础与应用 [M]. 北京：人民邮电出版社，2021.

[14] 熊航 . 智慧农业概论 [M]. 北京：中国农业出版社，2021

[15] 陈帝伊，宋怀波，秦立峰 . 智慧农业工程案例 [M]. 北京：科学出版社，2023

[16] 耿煜 . 人工智能基础 [M]. 北京：电子工业出版社，2021.

[17] 方滨兴 . 人工智能安全 [M]. 北京：电子工业出版社，2020.

[18] 折宝军，张瑞波，李悦 . 物联网 + 现代农业 [M]. 北京：中国农业科学技术出版社，2023

[19] 蔡自兴，刘丽珏，蔡竞峰，等 . 人工智能及其应用 [M]. 3 版 . 北京：高等教育出版社，2016.

[20] 杨丹 . 智慧农业实践 [M]. 北京：人民邮电出版社，2019